U0160517

国家科学技术学术著作出版基金资助出版

中国科学院中国孢子植物志编辑委员会　编辑

中　国　淡　水　藻　志

第二十五卷

金　藻　门（I）

谢树莲　冯　佳　主编

中国科学院知识创新工程重大项目
国家自然科学基金重大项目
（国家自然科学基金委员会　中国科学院　科技部　资助）

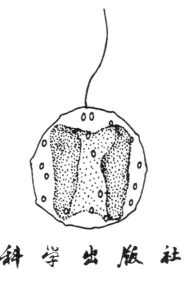

科学出版社

北　京

内 容 简 介

本卷册记述了我国淡水金藻门金藻纲 2 目 6 科 23 属 104 种和 7 变种。每个种类都有详细的形态描述、生境和国内外分布，种类的形态特征描述都以中国采到的标本为依据，插图由作者根据所采的标本绘制、拍照或引自以往报道中国金藻的文献。此外，对金藻门的形态特征、繁殖方式、分布特点及与环境因子的关系也做了详细论述。书后附有参考文献、各级分类群英文检索表、汉英术语对照表和名称索引，是我国目前较为全面和系统记述淡水金藻门的专著。

本书可供生物学、植物学、藻类学、水产科学、环境科学、地质学及地理学等领域的科研人员及高等院校有关专业师生参考。

图书在版编目（CIP）数据

中国淡水藻志. 第二十五卷，金藻门. I / 谢树莲，冯佳主编. —北京：科学出版社，2023.1

（中国孢子植物志）
ISBN 978-7-03-073857-8

I. ①中… II. ① 谢… ② 冯… III. ①淡水-藻类-植物志-中国②金藻门-植物志-中国 IV. ①Q949.2

中国版本图书馆 CIP 数据核字 (2022) 第 220720 号

责任编辑：韩学哲 孙 青/责任校对：郑金红
责任印制：吴兆东/封面设计：刘新新

科 学 出 版 社 出版
北京东黄城根北街 16 号
邮政编码：100717
http://www.sciencep.com
北京虎彩文化传播有限公司 印刷
科学出版社发行 各地新华书店经销
*
2023 年 1 月第 一 版 开本：787×1092 1/16
2023 年 1 月第一次印刷 印张：10 1/4 插页：4
字数：205 000
定价：198.00 元
（如有印装质量问题，我社负责调换）

Supported by the National Fund for Academic Publication in Science and Technology

CONSILIO FLORARUM CRYPTOGAMARUM SINICARUM
ACADEMIAE SINICAE EDITA

FLORA ALGARUM SINICARUM AQUAE DULCIS

TOMUS XXV
CHRYSOPHYTA (I)

REDACTORES PRINCIPALES

Xie ShuLian   Feng Jia

**A Major Project of the Knowledge Innovation Program
of the Chinese Academy of Sciences**
A Major Project of the National Natural Science Foundation of China
(Supported by the National Natural Science Foundation of China,
the Chinese Academy of Sciences, and the Ministry of Science and Technology of China)

Science Press
Beijing

《中国淡水藻志》第二十五卷
金 藻 门（I）

主 编

谢树莲　冯　佳

编著者

（以姓氏笔画为序）

王　飞　吕俊平　刘　琪
刘旭东　南芳茹　高　帆

REDACTORES PRINCIPALES

Xie Shulian　Feng Jia

AUCTORES

Wang Fei　Lü Junping　Liu Qi
Liu Xudong　Nan Fangru　Gao Fan

序

    中国孢子植物志是非维管束孢子植物志，分《中国海藻志》《中国淡水藻志》《中国真菌志》《中国地衣志》及《中国苔藓志》五部分。中国孢子植物志是在系统生物学原理与方法的指导下对中国孢子植物进行考察、收集和分类的研究成果；是生物物种多样性研究的主要内容；是物种保护的重要依据，对人类活动与环境甚至全球变化都有不可分割的联系。

    中国孢子植物志是我国孢子植物物种数量、形态特征、生理生化性状、地理分布及其与人类关系等方面的综合信息库；是我国生物资源开发利用、科学研究与教学的重要参考文献。

    我国气候条件复杂，山河纵横，湖泊星布，海域辽阔，陆生和水生孢子植物资源极其丰富。中国孢子植物分类工作的发展和中国孢子植物志的陆续出版，必将为我国开发利用孢子植物资源和促进学科发展发挥积极作用。

    随着科学技术的进步，我国孢子植物分类工作在广度和深度方面将有更大的发展，对于这部著作也将不断补充、修订和提高。

中国科学院中国孢子植物志编辑委员会

1984 年 10 月·北京

中国孢子植物志总序

中国孢子植物志是由《中国海藻志》《中国淡水藻志》《中国真菌志》《中国地衣志》及《中国苔藓志》所组成。至于维管束孢子植物蕨类未被包括在中国孢子植物志之内，是因为它早先已被纳入《中国植物志》计划之内。为了将上述未被纳入《中国植物志》计划之内的藻类、真菌、地衣及苔藓植物纳入中国生物志计划之内，出席 1972 年中国科学院计划工作会议的孢子植物学工作者提出筹建"中国孢子植物志编辑委员会"的倡议。该倡议经中国科学院领导批准后，"中国孢子植物志编辑委员会"的筹建工作随之启动，并于 1973 年在广州召开的《中国植物志》《中国动物志》和中国孢子植物志工作会议上正式成立。自那时起，中国孢子植物志一直在"中国孢子植物志编辑委员会"统一主持下编辑出版。

孢子植物在系统演化上虽然并非单一的自然类群，但是，这并不妨碍在全国统一组织和协调下进行孢子植物志的编写和出版。

随着科学技术的飞速发展，人们关于真菌的知识日益深入的今天，黏菌与卵菌已被从真菌界中分出，分别归隶于原生动物界和管毛生物界。但是，长期以来，由于它们一直被当作真菌由国内外真菌学家进行研究；而且，在"中国孢子植物志编辑委员会"成立时已将黏菌与卵菌纳入中国孢子植物志之一的《中国真菌志》计划之内并陆续出版，因此，沿用包括黏菌与卵菌在内的《中国真菌志》广义名称是必要的。

自"中国孢子植物志编辑委员会"于 1973 年成立以后，作为"三志"的组成部分，中国孢子植物志的编研工作由中国科学院资助；自 1982 年起，国家自然科学基金委员会参与部分资助；自 1993 年以来，作为国家自然科学基金委员会重大项目，在国家基金委资助下，中国科学院及科技部参与部分资助，中国孢子植物志的编辑出版工作不断取得重要进展。

中国孢子植物志是记述我国孢子植物物种的形态、解剖、生态、地理分布及其与人类关系等方面的大型系列著作，是我国孢子植物物种多样性的重要研究成果，是我国孢子植物资源的综合信息库，是我国生物资源开发利用、科学研究与教学的重要参考文献。

我国气候条件复杂，山河纵横，湖泊星布，海域辽阔，陆生与水生孢子植物物种多样性极其丰富。中国孢子植物志的陆续出版，必将为我国孢子植物资源的开发利用，为我国孢子植物科学的发展发挥积极作用。

中国科学院中国孢子植物志编辑委员会

主编　曾呈奎

2000 年 3 月　北京

Preface to the Cryptogamic Flora of China

Cryptogamic Flora of China is composed of *Flora Algarum Marinarum Sinicarum*, *Flora Algarum Sinicarum Aquae Dulcis*, *Flora Fungorum Sinicorum*, *Flora Lichenum Sinicorum*, and *Flora Bryophytorum Sinicorum*, edited and published under the direction of the Editorial Committee of the Cryptogamic Flora of China, Chinese Academy of Sciences (CAS). It also serves as a comprehensive information bank of Chinese cryptogamic resources.

Cryptogams are not a single natural group from a phylogenetic or evolutionary point of view which, however, does not present an obstacle to the editing and publication of the Cryptogamic Flora of China by a coordinated, nationwide organization. The Cryptogamic Flora of China is restricted to non-vascular cryptogams including the bryophytes, algae, fungi, and lichens. The ferns, a group of vascular cryptogams, were earlier included in the plan of *Flora of China*, and are not taken into consideration here. In order to bring the above groups into the plan of Fauna and Flora of China, some leading scientists on cryptogams, who were attending a working meeting of CAS in Beijing in July 1972, proposed to establish the Editorial Committee of the Cryptogamic Flora of China. The proposal was approved later by the CAS. The committee was formally established in the working conference of Fauna and Flora of China, including cryptogams, held by CAS in Guangzhou in March 1973.

Although myxomycetes and oomycetes do not belong to the Kingdom of Fungi in modern treatments, they have long been studied by mycologists. *Flora Fungorum Sinicorum* volumes including myxomycetes and oomycetes have been published, retaining for *Flora Fungorum Sinicorum* the traditional meaning of the term fungi.

Since the establishment of the editorial committee in 1973, compilation of Cryptogamic Flora of China and related studies have been supported financially by the CAS. The National Natural Science Foundation of China has taken an important part of the financial support since 1982. Under the direction of the committee, progress has been made in compilation and study of Cryptogamic Flora of China by organizing and coordinating the main research institutions and universities all over the country. Since 1993, study and compilation of the Chinese fauna, flora, and cryptogamic flora have become one of the key state projects of the National Natural Science Foundation with the combined support of the CAS and the National Science and Technology Ministry.

Cryptogamic Flora of China derives its results from the investigations, collections, and classification of Chinese cryptogams by using theories and methods of systematic and evolutionary biology as its guide. It is the summary of study on species diversity of cryptogams and provides important data for species protection. It is closely connected with human activities, environmental changes and even global changes. Cryptogamic Flora of

China is a comprehensive information bank concerning morphology, anatomy, physiology, biochemistry, ecology, and phytogeographical distribution. It includes a series of special monographs for using the biological resources in China, for scientific research, and for teaching.

China has complicated weather conditions, with a crisscross network of mountains and rivers, lakes of all sizes, and an extensive sea area. China is rich in terrestrial and aquatic cryptogamic resources. The development of taxonomic studies of cryptogams and the publication of Cryptogamic Flora of China in concert will play an active role in exploration and utilization of the cryptogamic resources of China and in promoting the development of cryptogamic studies in China.

C.K. Tseng
Editor-in-Chief
The Editorial Committee of the Cryptogamic Flora of China
Chinese Academy of Sciences
March, 2000 in Beijing

《中国淡水藻志》序

　　中国是一个国土面积 960 万平方公里的大国，地跨温带、亚热带和热带，不仅有陆地和海洋，还有 5000 多个岛屿，大陆地形十分复杂，海拔高度自西向东由高而低。中国西部海拔高度在 5000 米以上的土地面积占全国总面积的 25.9%（其中世界最高峰珠穆朗玛峰为 8848 米），往东依次为：2000—3000 米的占 7%，1000—2000 米的占 25%，500—1000 米的占 16.9%，东部和东北部及沿海地带都在 500 米以下，约占 25.2%。这其间山地、高原、盆地、平原和丘陵等等连绵起伏。中国又是一个河流丰富的国家，仅流域面积超过 100 平方公里的就有 50 000 条以上；几条大的河流自西向东或向南流入大海。我国的湖泊也很多，已知的天然湖泊，面积在 1 平方公里以上的即有 2800 个，人工湖 86 000 个，还有难以数计的塘堰、水池、溪流、沟渠、沼泽、泉水等等。这些地理特征使得我国各地在日照、气温和降水等方面有极大的差异，产生了种类丰富的植物。我国已知的高等植物，包括苔藓、蕨类和种子植物超过 30 000 种。无数的大小水坑，包括临时积水、稻田、水井、还有地下水、温泉、温地、草场，以及表面多少覆盖有土壤的或潮湿的岩石、道路和建筑物等，均形成无法计算、情况各异的小生境，生长着各种藻类。

　　中国的淡水藻类，早期是由外国专家采集和研究的。其中，最先于 1884 年由俄国专家 J. Istvanffy 发表的一种绿球藻的报告，是由 N. M. Przewalski 在蒙古采得标本而由圣彼得堡植物园主任 K. Maximovicz 研究的。其后德国的 Schauinsland 和 Lemmermmann 采集和研究了长江中下游的藻类（1903，1907）。瑞典学者和探险家 Sven-Hedin 曾在 1893—1901 年和 1927—1933 年间，几次到我国新疆、青海、甘肃、西藏和北京，其所得材料分别由 Wille（1900，1922），Borge（1934）和 Hustedt（1922，1927）研究发表。1913—1914 年，奥地利的植物学家 Handel-Mazzatti 曾深入我国云南、贵州、四川、湖南、江西、福建 6 省，所得藻类由 H. Skuja 于 1937 年正式发表。前东吴大学任教的美籍教授 Gee 于 1919 年发表了他研究苏州和宁波藻类的文章。苏联的 Skvortzov 自 1925 年起即定居我国，直到 20 世纪 60 年代，他采集和研究过我国东北数省的藻类，还为各地的许多专家研究过不少的中国标本。

　　中国科学家所发表的第一篇淡水藻类学论文，是 1916—1921 年毕祖高的题为 "武昌长湖之藻类" 一文，分 4 次在当时的《博物学杂志》上刊登的。其后有王志稼（1893—1981）、李良庆（1900—1952）、饶钦止（1900—1998）、朱浩然（1904—1999）和黎尚豪 （1917—1993）。到 1949 年，除西藏、宁夏、西康（今四川）外，所采标本大体上已遍及全国各个省、市和自治区。研究的类群主要是蓝藻、绿藻、红藻、硅藻、兼及轮藻，黄藻和金藻。饶饮止还建立了腔盘藻科（Coelodiscaceae 1941）即今之饶氏藻科（Jaoaceae 1947）；又发现了两种采自四川的褐藻（1941）：层状石皮藻（*Lithoderma zonata*）和河生黑顶藻（*Spharelaria fluviatlis*）。

1949 年后，中国的藻类学发展很快，研究人员增加，所采标本遍及全国，研究的类群不断增加。1979 年饶钦止出版的《中国鞘藻目专志》中记述了在中国采集的 2 属 301 种，81 变种和 33 变型，其中的 96 种，38 变种和 32 变型的模式标本产于中国[1]。

1964 年我国决定编写《中国藻类志》。1973 年，编写工作正式开始。其后《中国藻类志》决定采用曾呈奎院士建立的分类系统，将藻类分成如下 12 门(Division)：①蓝藻门(Cyanophyta)，②红藻门(Rhodophyta)，③隐藻门(Cryptophyta)，④甲藻门(Dinophyta)，⑤黄藻门(Xanthophyta)，⑥金藻门(Chrysophyta)，⑦硅藻门(Bacillariophyta)，⑧褐藻门(Phaeophyta)，⑨原绿藻门(Prochlorophyta)，⑩裸藻门(Euglenophyta)，⑪绿藻门(Chlorophyta)和⑫轮藻门(Charophyta)。1984 年，为了工作方便，又决定将《中国藻类志》分为《中国海藻志》和《中国淡水藻志》两大部分，各自分开出版。由于各类群在我国原有的工作基础不一致，"志"的编写工作又由不同的主编负责进行，工作进度和交稿时间难于统一安排，因此《中国淡水藻志》的卷册编序，决定不以门、纲、目等分类学类群的次序为序，而以出版先后为序，即最先出版者为第一卷，以下类推。种类较多，必须分成若干册出版者，即在同一卷册号之下再分成若干册，依次编成册号。

1998 年，由饶钦止主编的《中国淡水藻类志》第一卷 "双星藻科"(Zygnemataceae)出版，此卷记录本科藻类 9 属 347 种，其中有 219 种的模式标本产于中国。到 1999 年，已先后出版 6 卷。这 6 卷中，所有的描述和附图，除极少数例外，几乎全是根据中国的标本作出的，所采标本覆盖了全国省、市、自治区的 80%到 100%。轮藻门，蓝藻门和褐藻门的分类系统经过了主编修订。包括鞘藻目在内，上述已出版的各类群中，中国记录的种的数目，绝大多数均占全国已知种数的 40%以上，如色球藻纲的蓝藻已超过 80%。特有种(endemic species)在许多类群中也很显著，如鞘藻目和双星藻科的中国特有种几乎占国内已记录的一半！

中国的淡水藻类，种类十分丰富，并有自己的区系特点。但是目前在编写和出版《中国淡水藻志》时，还存在一些问题。

第一，已出版的六个卷册，由于原来各类群的研究基础不同，所达到的水平和质量也不一样。例如，对有些省区，所记种类太少，有一个省甚至只有一种；有许多报道较早的种类，特别是早期由外国专家发表的，已难于看到模式标本；还有许多种类，只在较早时期报告过一次，但描述非常简单，甚至没有附图，并且还未能第二次采到。对这些情况，我们尽量在适当的地方加以说明，更希望再版时有所改进。

第二，在 12 门藻类植物中，除原绿藻外，每一门都有淡水种类。但到目前为止，还有多类群，尤其是门以下的某些纲、目和科，我国还没有开始进行调查研究，有的几乎是空白。金藻门、隐藻门、甲藻门还有许多种类是由动物学家进行研究的。

第三，藻类分类学是一门既古老又年轻的科学。百多年来，已积累了非常丰富的、极有价值的科学知识，但也存在很多问题。由于不断有许多新属种被发现，新的研究手段，特别是电镜研究、培养和分子生物的研究，在增加了很多新知识的同时，也使藻类的系统学和分类学出现许多新问题。只有把传统的形态分类学与近代新兴的科学研究手

---

1 刘国祥与毕列爵于 1993 年正式报告过采自式武昌的勃氏枝鞘藻 (*Oedocladium prescotti* Islam)，至此鞘藻目 (科) 所含的 3 个属，在中国已全有报告。

段结合起来,才能使藻类分类学得到长足进步,才能编写出更高质量的《中国淡水藻志》。

总之,我们已取得不少成绩,但肯定还有缺点和错误,希望国内外读者不吝赐教。

毕列爵(湖北大学,武汉 430062)

胡征宇(中国科学院水生生物研究所,武汉 430072)

1997 年 8 月 18 日

FLORA ALGARUM SINICARUM AQUAE DULCIS
FOREWORD

China is a big country with an area of 9,600,000 km^2, covering not only land and ocean, but also 5 thousand islands, with a territory across the temperate, subtropical and tropical belts of the northern Hemisphere. The topography of China is very complicated. In the main, the land runs from high to low gradually along the direction from the west to the east. Of the whole area of the country, 25.9% in the western part are at an altitude of 5,000m (including the top mountain of the world Qomolangma in 8848m), and then successively from the west to the east, 7% at in 2,000 to 3,000m, 25% at 1,000 to 2,000m, 16.9% at 500 to 1,000m, and 25.2% in the eastern, north-eastern and coastal regions below 500m. There are countless rises and falls of the land to make the various topographical reliefs into mountains, plateaus, basins, plains and mounts. China is a country full of rivers and rivulets too. There are over 5,000 rivers with their basins of 100 km^2. The principal rivers overflow from the west to the eastern or southern seas of the country. The lakes and ponds are also numerous. The number of ever-known natural lakes of an area more than 1km^2 is no less than 2,800, and the artificial reservoirs are believed to be 86,000. And the ponds, pools, streams, ditches, swamps and springs are uncountable. All the above fundamental characteristics comprehensively lead to a very complicated variation of the sunshine, temperature and precipitation in different localities in China, and thus produce a very rich flora of higher plants, including the bryophytes, ferns and seed plants of more than 30,000 species. In addition, there are innumerable pits of different size marshes, grasslands and rocks, roads and buildings with more or less moisture or soil, all of which forms quite a big number of niches for the freshwater algae inhabitants.

Chinese freshwater algae were collected and studied by foreign experts in the earlier years. The first paper published was written by Russian scientist (J. Istvanffy) in 1884 and the specimens were collected by Russian Military Officer N. M. Przewalski from Mongolia and studied by K. Maximovicz. Later two Germany phycologists, H. Schauinsland and E. Lemmermmann, collected and studied the algae of the middle and lower reaches of Yangtze River (1903, 1907). Sven-Hedin, a Swedish scholar and explorer, traveled through Xinjiang, Qinghai, Gansu, Xizang (Tibet), and Beijing for several times in 1893－1901 and 1927－1933. The specimens he obtained were studied and published separately by N. Wille (1900, 1922), O. Borge (1934), and F. Hustedt (1922, 1927). In 1913-1914, the famous Austrian botanist H. Handel-Mazzatti collected Chinese plants thoroughly in his journey in Yunnan, Guizhou, Sichuan, Hunan, Jiangxi and Fujian provinces. Among those, the algal material were published formally by the phycologist, H. Skuja (1937). About the same period, N. Gee, an American teacher of the Soochou University, Suzhou, Jiangsu province published his paper about the freshwater algae from Suzhou and Ningbo, Zhejiang province. And B. V. Skvortzov, a Russian naturalist, settled from Russia to China in 1925 till the 1960s of the 20th century. He collected and studied tremendous algal materials both collected from the NE-provinces from China and those presented by a number of experts from various localities of China.

The first paper of Chinese freshwater algae titled as "Algae from Changhu Lake, Wuchang, Hubei" by Bi Zugao, was published in *Journal of Natural History* separately in 4 volumes in 1916—1921. From then on, Wang Chichia (1893－1981), Li Liangching (1900－1952), Jao Chinchih (1900-1998), Zhu Haoran (1904-1999) and Li Shanghao (1917-1993) were the successors. Up to 1949, specimens were collected almost over all the provinces, municipalities and autonomous regions of China with few exceptions as Xizang (Tibet) and Ningxia. The groups were examined carefully concerning the cyanophytes, chlorophytes, rhodophytes, diatoms; and at the same time some attention has been given to charophytes, xanthophytes and chrysophytes too. By C. C. Jao, a new family, the Coelodiscaceae (1941), now the Jaoaceae (1947) was established, and two very rare freshwater brown algae, *Lithoderma zonata* and *Sphacelaria fluviatilis* were discovered (1941).

The development of phycology in China was more rapid than ever from 1949 on. The faculties were enlarged, specimens were obtained over all the country and the group's studies were increased. In 1979, Jao published his monograph *Monographia Oedogoniales Sinicae*. In his big volume Jao described 301 species, 81 varieties and 33 forms belong to 2 of the 3 of the world genera from China. Among them, the types of 96 species, 38 varieties and 32 forms are inhabited in this country[1].

In 1964 a resolution of editing the *Flora of Chinese Algae* was made by the Chinese phycologists. The work was actually put into being since 1973. It was decided in 1978 that the system published by Academician Tseng Chenkui would be adopted in the FLORA. Accordingly, the algae are to be divided into 12 Divisions: (1) Cyanophyta, (2) Rhodophyta, (3) Cryptophyta, (4) Dinophyta (5) Xanthophyta, (6) Chrysophyta, (7) Bacillariophyta, (8) Phaeophyta, (9) Prochlorophyta, (10)Euglenophyta, (11) Chlorophyta and (12) Charophyta. In 1984, for the convenience in practical work, phycologists agreed that the FLORA could be written separately into two parts, the FLORA of Marine Algae and that of the freshwater forms. Because the achievements of researches of the different algal groups are not at the same level, so the work could not be done according to the taxonomic sequence of the algal groups. We may try to publish first the group we have gotten more information and better results about it. And, at the same time, the numbers of the sequence of the volumes of the FLORA are also arranged not basing upon the taxonomic series but upon the priority of

---

1 Liu Guoxiang and Bi Liejue reported *Oedocladia prescottii* Islam 1993 collection so all the 3 genera of the Oedogoniales(-aceae) have been reported in China since then.

publications. Thus one volume may be separated into two or more parts if necessary.

In 1988, the first volume of the *Flora Algarum Sinicarum Aquadulcis* "Zygnemataceae" edited by Jao Chinchih was published. In it, 347 species of 9 genera were described, and the types of 219 species were all collected from China. Up to 1999, six volumes of the FLORA had been published, from those we may know it may be concluded that the specimens collected and used are at least 80% and at most 100% from the provinces, municipalities and autonomous regions in China. The descriptions and drawings with very few exceptions are all based on Chinese materials. The taxonomic systems of Chroococophyceae, Charophyta and Euglenophyta had been more or less modified by the editors. The percentage of the number of species in each volume, including the Oedogoniales, to that of the world records is remarkably as large as over 40%. The extreme one is 80% in Chroococophyceae. The number of endemic species is also distinct, for example, in Oedogoniales and Zygnemataceae, they are both over 50%.

The flora of Chinese freshwater algae are plentiful, and the floral composition is evidently peculiar. However, there were still quite a lot of problems to be solved in the editing if the FLORA.

First, in some examples the record of provincial distribution of the country is insufficient. It is unreasonable for a big province to have recorded only a single species. In a number of old literatures, the species description is usually either too simple or lacking, and the drawings are also wanting. For many species, it is very hard to check up with more information because it was reported only once for a very long time. And, an unconquerable difficulty is that the majority of the types, especially in the earlier publications, could not hope some improvements can be made in the successive volumes.

Second, except the Prochlorophyta, freshwater algae could be found in each of the 12 Divisions of algae. Unfortunately, there are a number of subgroups under the Divisions which has not yet been studied especially in the Xanthophyta, Chrysophyta and Crptophyta. Many dinophytes are investigated by zoologists. In addition, some genera with reputation as "big" taxa, such as the *Navicula*, *Cosmarium*, and *Scendesmus*, etc., have yet not been collected and studied enough in China.

Third, the taxonomy of algae is a science both old and young. In the past hundreds of years, numerous and valuable information was accumulated. New conceptions in taxonomy and systematics are arising in proceedings of the additions of new taxa, and particularly new facts and ideas are appearing from the new means such as the electron microscopy, culture and molecular biology. The suitable way may be making comprehensive studies in these fields. Unfortunately, this is at present nearly a blank in the phycology research of freshwater algae in China. The combination of traditional and modern methodology is of course necessary and urgent. It is universally hope that more improvements could be achieved in the following volumes.

For the flaws and mistakes in both of the volumes ever published and those to follow, any suggestions and corrections are welcomed by the authors.

Bi Leijue (Hubei University, Wuhan, 430062)

Hu Zhengyu (Institute of Hydrobiology, CAS, Wuhan, 430072)

August 18, 1997

前　言

　　金藻是藻类植物中一个重要的类群，由于其色素体为金黄色或黄褐色而使植物体呈金黄色。金藻大部分种类生活于淡水中，所以，金藻在淡水藻类中占有重要地位。同时，作为水体中的生产者与消费者，特别是多功能性兼养植物，金藻在水体生态系统中扮演着重要角色，可作为生态环境指示种，也可作为古湖泊指示藻类，为湖泊历史的重建研究提供依据。毋庸置疑，对于金藻这样一个占有重要地位的植物类群，在各方面对其进行深入的科学研究是非常必要的。

　　从金藻门植物有记载开始，迄今已有 230 多年的历史。从 18 世纪到 20 世纪中期，以光学显微镜为主要研究手段；从 20 世纪 50 年代开始，电子显微镜广泛应用到金藻门分类中；从 20 世纪末至今，分子生物学技术也应用到金藻门分类和系统发育研究中。随着电子显微镜和分子生物学研究方法不断渗透到生命科学的各个学科，金藻的研究得到了极大地发展。许多国家对金藻的研究进入了一个新的阶段，在系统分类、形态结构、生态分布等各个方面都得到了很大的发展。

　　与其他一些国家相比，我国对于金藻的研究起步较晚，明显滞后，除硅质鳞片类金藻外，专门的研究文献很少，多是在一些水体藻类区系调查中涉及个别种类。然而，我国幅员辽阔，地跨温带、亚热带和热带，自然环境复杂多样，具有很丰富的藻类资源。

　　本卷册于 2005 年列入《中国淡水藻志》编写计划。但由于金藻多数种类在自然界中很少能大量生长，标本采集和保存比较困难，编研工作进展较慢。本卷册立项以后，2008 年，冯佳博士完成了《中国淡水金藻门植物的分类研究》博士学位论文，为本卷册的编写奠定了基础。之后，又经过近 10 年的不断补充和修改，完成了本卷册撰写任务。

　　本卷册收录了我国金藻纲 2 目 6 科 23 属 104 种和 7 变种。种类的形态特征描述都以中国采到的标本为依据，插图大部分引自以往报道的中国金藻文献。由于我们水平有限，书中定有疏漏和欠妥之处，敬请读者批评指正。

谢树莲　冯佳

2018 年 8 月于太原

目　录

金 藻 门
CHRYSOPHYTA

一、淡水金藻门植物研究概况

从金藻门植物有记载开始，迄今已有 230 多年的历史。从 18 世纪到 20 世纪中期，以光学显微镜为主要研究手段；从 20 世纪 50 年代开始，电子显微镜广泛应用到金藻门分类中；从 20 世纪末至今，分子生物学技术也渗入到金藻门分类和系统发育研究中（Kristiansen, 2005）。

最早报道金藻门植物的是丹麦的 O.F. Müller，他观察了郊外湖泊和池塘中的微型生物，在 1786 年出版了 *Animalcula Infusoria*。该书记录了 50 多种不同的微型生物并配有图版，尽管在现在看来很多种类的鉴定都不够准确，然而它仍然是早期研究中的重要文献。该书中记录了 3 种金藻门植物，即花胞藻 *Anthophysa vegetans*［当时被作为绿藻门团藻属植物 *Volvox vegetans*，后来由 Stein 更名（Stein, 1878）］、黄群藻 *Synura* sp.［当时被作为 *Volvox uva*，后来由 Ehreberg 鉴定为金藻门黄群藻属植物（Ehrenberg, 1838）］和 *Enchelys punctifera*［Ehreberg 后来将其鉴定为金藻门的 *Microglena punctifera*（Starmach, 1985）］。

法国植物学家 Villars（1789）报道了一种丝状藻类，这种植物散发出一种难闻的气味，当时被命名为"*Conferva foetida*"。之后由瑞典植物学家 Agardh（1824）鉴定为金藻门的水树藻 *Hydrurs foetidus*。Müller 和 Villars 也在同时对金藻门植物进行了很多研究。

Ehrenberg（1838）在他的著作 *Die Infusionsthierchen als vollkommene Organismen* 中描述了百余种微型生物，有 69 个彩色图版，其中包括一些金藻植物，描述了较复杂的细胞结构，如黄群藻 *Synura uvella*、旋转黄团藻 *Uroglena volvox* 和密集锥囊藻 *Dinobryon sertularia*。

Stein（1878）所著的 *Der Organismus der Flagellaten* 为金藻门植物的研究作出了重要贡献。得益于显微镜质量的提高和作者较强的绘图功底，书中对许多金藻植物的描述至今仍在教科书中沿用，同时他将具有鞭毛的黄群藻属 *Synura*、黄团藻属 *Uroglena* 等群体类金藻归为 Chrysomonadinae。Rostafiński（1882）将上述类群与水树藻属 *Hydrurus* 一起归隶为 Syngeneticae，为金藻门植物的分类奠定了基础。

Senn（1900）第一次根据鞭毛的数目对金藻门植物进行分类，包括 3 科 24 属。

Pascher 也对金藻门的分类进行了深入研究，编写了第一部关于金藻门植物的专著 *Chrysomonadinae*，包括 124 个种（Pascher, 1913），建立了当时最具代表性的金藻门分类系统，在此基础上建立了金藻纲 Chrysophyceae（Pascher, 1914），之后又建立了金藻门 Chrysophyta（Pascher, 1931a）。他的分类系统在 Huber-Pestalozz（1941）所著的 *Das Phytoplankton des Süsswassers* 中被采用。

Bourrelly(1957，1965)根据生物发生以及细胞壁的有无，建立了金藻门植物新的分类系统。Starmach(1985)所著的 *Chrysophyceae and Haptophyceae* 中沿用了该分类系统。

Brown(1945)发表了第一篇以电子显微镜对金藻门植物棕鞭藻 *Ochromonas* sp.鞭毛结构进行研究的文献。Houwink(1951)又以电子显微镜观察了近囊胞藻 *Paraphysomonas vestita* 的硅质鳞片结构。随后，电子显微镜成为研究硅质鳞片类金藻的主要手段(Manton, 1952; Karim and Round, 1967)。

Wolken 和 Palade(1952, 1953)报道了杯棕鞭藻 *Peterioochromonas* sp.色素体的亚显微结构。根据电子显微镜下植物体的超微结构以及色素体成分分析，Cavaliers-Smith(1986)和 Andersen(1987)将金藻门 Chrysophyta 分为金藻纲 Chrysophyceae 和黄群藻纲 Synurophyceae。Kristiansen 和 Preisig(2001)进一步对这个分类系统做了修订并沿用。

从 20 世纪末开始，随着研究方法和手段的不断更新，尤其是分子生物学手段的兴起，金藻门植物的研究内容也不断深入。将分子生物学方法与传统的经典分类学方法相结合，应用于金藻门植物的研究，是这一阶段的主要特点(Preisig, 1995; Kristiansen and Preisig, 2001; Andersen, 2004, 2007)。例如，无色的近囊胞藻属 *Paraphysomonas* 的一些种类，通过种类特异的寡核苷酸探针可在荧光显微镜下鉴定，这种方法广泛应用于受光学显微镜局限的较小的生物种类的鉴定(Lim et al., 1999; Caron et al., 1999; Petronio and Rivera, 2010)。

随着科学技术的发展进步，分子生物学手段已覆盖了生物学的各个领域(Wee, 1996)。较早引入分子生物学手段的研究中，只是涉及有关金藻植物门和纲的水平(Olsen, 1990; Coleman and Goff, 1991; Saunders et al., 1995)，之后，才逐渐应用于分类和系统发育研究(Andersen et al., 1999; Andersen, 2004, 2007)。分子生物学手段的应用也使一些金藻植物的分类位置和地位发生了变化(Yoon et al., 2009; Yang et al., 2012)。藻体为单细胞的种类，亲缘关系并不一定近，同样，藻体为胶群体的种类也并不是一个自然的类群(Klaveness et al., 2011)。

根据测得的金藻门植物中一些种类的基因序列，有些文献对一些金藻植物的分类进行了修订(Andersen et al., 1999)。Cavalier-Smith 和 Chao(1996)基于 18S rRNA 基因序列，将金藻、黄藻、硅藻、褐藻等均归隶于其建立的棕色藻门(穗鞭藻门 Ochrophyta)。但是目前这方面的有关文献报道还较少，根据分子序列所建立的系统树的准确性也还需要进一步的深入研究(Medlin et al., 1997; Andersen, 2007)。

二、淡水金藻门植物的主要特征

1. 形态特征

金藻门植物藻体多样，自由运动种类为单细胞或群体。群体球形或卵形，细胞放射状排列，有的具透明的胶被。不能运动的种类为变形虫状、胶群体状、球粒形、叶状体形、分枝或不分枝丝状体形(图 1)。

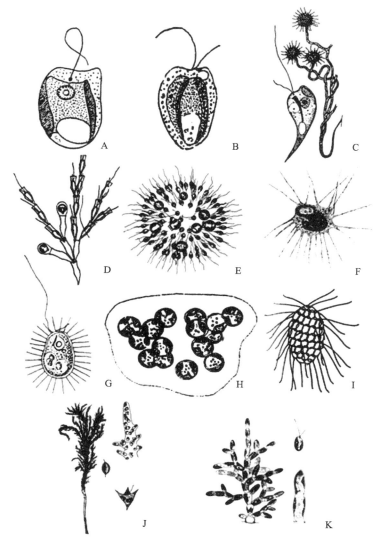

图 1　金藻植物体型

A、B. 鞭毛类单细胞体形；C、E. 群体类形；D. 树丛状群体类形；F. 根足形；G、I. 鳞片类单细胞体形；H、J. 圆球形
或分枝胶群体形；K. 丝状体形

Fig. 1　Morphological diversity of Chrysophyta

A, B. flagellates solitary cell; C, E. colonies; D. branched colony of loricate monads; F. rhizopodial form; G, I. solitary cells with
silica scales; H, J. colonies cells in jelly; K. branched filaments

　　金藻门植物细胞形状也多样，球形、椭圆形、卵形或梨形等。其基本结构如图 2
所示。

　　不能运动的种类具细胞壁，运动种类有或无细胞壁，细胞壁的成分以果胶质为主。
细胞具 1-2 个伸缩泡，位于细胞的前部或后部，通过有规律的膨胀、收缩，水通过复杂
的管状小泡系统运输到液泡，通过渗透作用排出多余的水，维持细胞平衡（Hibberd，
1970）。具 1 个眼点或无，位于细胞的前部或中部。具数个液泡。细胞核 1 个，位于细

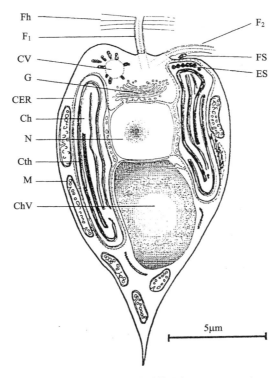

图 2　金藻植物细胞的结构（自 Gibbs, 1981）

Fh. 鞭毛茸；F_1. 茸鞭型鞭毛；F_2. 尾鞭型鞭毛；FS. 鞭毛膨大区；ES. 眼点；CV. 收缩泡；G. 高尔基体；CER. 内质网；Ch. 色素体；N. 细胞核；Cth. 类囊体；M. 线粒体；ChV. 金藻昆布糖

Fig. 2　Construction of a typical Chrysophyta cell (*Ochromonas*) (from Gibbs, 1981)

Fh. flagellar hairs; F_1. anteriorly directed hairy flagellum; F_2. laterally directed smooth flagellum; FS. flagellar swelling; ES. eyespot; CV. contractile vacuole; G. Golgibody; CER. chloroplast endoplasmic reticulum; Ch. chloroplast; N. nucleus; Cth. chloroplast thylacoid; M. mitochondrion; ChV. chrysolaminarin vesicle

胞的中央，外膜与核糖体相连。线粒体在金藻植物细胞内的数目是不确定的，但都不多，具两层膜和管状的脊突。棕鞭藻属 *Ochromonas* sp.线粒体的 DNA 呈线形，基因组大小为 40kb（Coleman and Goff, 1991）。细胞无色或具色素体，色素体周生，片状，大多数种类 1 个，有时 2 个或更多，每个色素体内具 3 条类囊体片层，近平行排列（Hibberd, 1976）。在一些种类中可以观察到裸露的蛋白核（Hibberd, 1978; Doddema and van der Veer, 1983）。色素体膜和类囊体通常与环状的色素体 DNA 相邻（Gibbs et al., 1974a, 1974b）。相对于其他藻类，金藻色素体基因组较小，棕鞭藻属 *Ochromonas* sp.为 120kb（Coleman and Goff, 1991）。光合作用色素主要由叶绿素 a、叶绿素 c、胡萝卜素和叶黄素（岩藻黄素、玉米黄素、环氧玉米黄素、新黄素、紫黄素等）组成，由于胡萝卜素和岩藻黄素在色素中的比例较大，植物体常呈现出金黄色、黄褐色或黄绿色（Andersen and Mulkey, 1983; Bjørnland and Liaaen-Jensen, 1989; Jeffrey, 1989）。光合作用产物是具有 β-1, 3-多聚葡萄糖的化合物，称为金藻昆布糖，位于细胞核后部大的储藏泡内，还有一些脂类液滴。无色种类可通过吞噬或吸收方式进行异养（Sanders et al., 1990）。高尔基体位于细胞核前端。Stokes（1885）观察到了近囊胞藻属 *Paraphysomonas* sp.细胞的高尔基体，但 Manton 和 Leedale（1964）第一次报道，其高尔基体是由一堆光滑的潴泡组成。运动种类的细胞前端具 1 条（如色金藻属 *Chromulina*）或 2 条（棕鞭藻属 *Ochromonas*）不等长的鞭毛，是典型的"9+2"型，通常是异鞭型，一条鞭毛较长并具绒毛，为茸鞭型，另一条较短，光滑，为尾鞭型，仅由轴丝形成，没有绒毛（Petersen，1918）。在金藻纲 Chrysophyceae 中，2 条鞭毛的基部形成一定的角度，通常由纤维连接。

大多数种类细胞裸露，但很多具胞外结构。

一些种类的细胞质膜光滑，分泌出胶质液体（Hibberd，1970），如无色的花胞藻属 *Anthophysa*，群体细胞相互连接在有铁、镁渗透的棕色胶质柄上。

在锥囊藻科 Dinobryaceae 中，细胞外具有透明的囊壳，形状多样，是重要的分类特征。锥囊藻属 *Dinobryon* 为分枝的树状群体，囊壳的形成方式为细胞分裂后，一个细胞留在老的囊壳内，另一个游出，分泌微原纤维形成新的囊壳。Karim 和 Round（1967）在电镜下观察到囊壳是由纤维螺旋交织形成的。附钟藻属 *Epipyxis* 的囊壳由硅质鳞片和纤维丝形成（Hilliard and Asmundm，1963；Kristiansen，2005）。杯棕鞭藻属 *Poterioochromonas* 的囊壳由几丁质纤维组成（Herth et al.，1977）。还有一些属的纤维囊壳由于含有铁、镁化合物而呈棕黄色，如金杯藻属 *Kephyrion*（Preisig，1986）。金粒藻属 *Chrysococcus* 的囊壳也是棕黄色，最初会分泌一些黏液，球形的囊壳具有 1-3 个孔，长的鞭毛和细胞质可伸出（Belcher，1969）。囊壳藻属 *Bicosoeca* 的囊壳是复杂的螺旋形（Kristiansen，1972）。有一些种类也可产生囊壳，根足从孔中伸出。这些小的囊壳通常附生于丝状藻类藻体上。

还有一些金藻植物在表面覆盖许多硅质鳞片，硅质沉积在 1 个特殊的囊内，称硅质沉积囊，硅质鳞片在与叶绿体表面相邻的硅质沉积囊中形成，鳞片具刺或无刺，有的种类具 2 种不同形状的鳞片，有的原生质外还具囊壳。

2. 繁殖方式

金藻植物的生活史目前还不完全清楚，一般包括营养繁殖、无性生殖和有性生殖。

营养繁殖　细胞可连续经过几个世代的纵分裂进行繁殖，中间还有休眠期。单细胞种类常是细胞纵分裂形成 2 个子细胞，分裂时从顶端开始，鞭毛器先分裂，大约经过几分钟，2 个子细胞分离（Harris，1953；Beech and Wetherbee，1990；Beech et al.，1990）。群体种类以群体断裂成 2 个或多个段片，每个段片长成 1 个新群体，或以细胞从群体中脱离而发育成一个新群体，丝状体以丝体断裂进行营养繁殖。

无性生殖　少数种类无性生殖产生单鞭毛或双鞭毛的动孢子，裸露，具 1-2 个周生、片状的色素体，多数种类产生由细胞内壁形成的不动孢子，即静孢子，也称为孢囊，呈球形、卵形或椭圆形，具硅质化的壁，由 2 个半片组成，顶端具一个小孔，孔口有一个明显的、无硅质或稍微硅化的胶塞，孢囊下沉至水体底部的沉积物中，可保持生活力直至萌发。在湖泊沉积物和地层的研究中，孢囊化石以及鳞片能够帮助分析和解释湖泊和地层形成的历史。金藻纲 Chrysophyceae 植物生活史中特有的阶段是硅质休眠阶段，称为休眠孢子。Cienkowsky（1870）第一次发现这个时期，Scherffel（1911）和 Doflein（1923）包括后来的学者（Hibberd，1977；Sandgren，1980a）对休眠孢子进行了仔细研究。金藻的孢囊不同于其他植物，其孢囊形成是在质膜内，属于内生源的。一些球形、中空的硅质沉积小泡在细胞内凝聚，周围有细胞质和细胞器，硅质孢囊壁由这些硅质沉积小泡沉淀堆积形成，只留一个孔开放，等成熟后，由果胶质封口。外周的细胞质在封口前会流入孢囊内（Sandgren，1980a，1980b）。孢囊壁的形态多样，光滑、网状，具有瘤突或长刺。尽管孢囊是金藻生活史中的重要阶段，但我们对于每个种的孢囊情况了解还不是很多（Kristiansen，2002）。有关孢囊与金藻藻体和营养细胞之间的联系需要更多的研究（Nicholls and Wujek，2015）。

有性生殖　Sheath 等（1975）在观察锥囊藻属 *Dinobryon* 孢囊发生的时候，发现在一个特殊的腔内有一个 4 条鞭毛的、进行减数分裂的细胞，这意味着其生活史中具有有性生殖。随后，对金藻有性生殖的研究逐渐增加。关于有性生殖的研究主要是具囊壳的一些种类，如金杯藻属 *Kephyrion* 和锥囊藻属 *Dinobryon*（Skuja，1950；Mack，1951；Fott，1959；Hilliard，1966；Kristiansen，2005）。

三、淡水金藻门植物分布特点及与环境因子的关系

1. 分布特点

金藻门植物分布于包括南极的全球各洲（Sandgren，1988；Siver，2002；Nicholls and Wujek，2015）。大多数种类分布于淡水中，是浮游藻类的重要类群。

Sandgren（1988）研究认为，淡水金藻生物量较低，通常生活在湖泊和池塘中，水体较为清澈，水温较低，矿化度较低，有机质含量较低，一般中性或弱酸性。中国的淡水金藻也主要分布在湖泊、池塘、水库中。

在适度贫营养的湖泊中，金藻为重要成分。Siver 和 Chock（1986）报道过湖泊中浮游植物的主要组成为金藻，占细胞总量的 90%。在贫营养的湖泊中，金藻植物主要依靠细菌有效地摄取磷酸盐，如锥囊藻属 *Dinobryon*（Bird and Kalff，1986）、棕鞭藻属 *Ochromonas* 和色金藻属 *Chromulina*（Salonen and Jokinen，1988）为吞噬细菌类型，黄团藻属 *Uroglena* 主要吸收细菌群体渗出液的营养。混合营养类型的金藻在一些湖泊中达浮游植物量的 50%（Olrik，1998）。

金藻对环境条件的要求，在同属不同种类也各有不同。一般而言，有利于它们生长的环境条件主要是水温低、透明度大、溶解有机质含量低等，因此，金藻数量在冬春季较多，夏秋季较少（饶钦止，1962；朱婉嘉，1966）。

有的种类生长环境为阴暗、略酸性、中营养型并具有机质的池塘（Kristiansen，2005）。中国北京的密云水库属于较为典型的中营养型湖泊，春季以喜低温的金藻、硅藻为主（杜桂森等，2001）。在松花江高愣至依兰江段调查中，枯水期为中营养型水体，无色金藻的种类数量较多，生长有大量的花胞藻 *Anthophysa vegatans*（包文美等，1989）。

在富营养型的水体中，金藻很少，仅有色金藻属 *Chromulina*、金杯藻属 *Kephyrion* 和棕鞭藻属 *Ochromonas* 的少数种类（朱婉嘉，1966；Domingos and Menezes，1998）。还有一些特殊情况。在奥地利的蒙德（Mondsee）湖，过量的铁引起锥囊藻的大量生长（Dokulil and Skolaut，1991）。同样，过量的农业肥料或底部沉积物中多余的磷酸盐也能引发金藻的大量繁殖（Clasen and Bernhard，1982；Olrik，1994）。胡晓红等（1999）对贵州百花湖进行调查研究发现，富营养型的百花湖中，分歧锥囊藻 *D. divergens* 常年出现并为优势种类。对山西汾河源头藻类植物的调查中，暖泉沟水库出现富营养化，也发现其中

有许多锥囊藻属 *Dinobryon* 植物。

在北极和南极地区，发现有丰富的金藻孢囊。在冰冷的流水中，一些胶质种类能形成具分枝的藻体，如水树藻属 *Hydrurus*（Jao, 1940; Parker et al., 1973）。

2. 环境因子

金藻植物生长的外界影响因素是多方面的。对于金藻的垂直分布，光照具有特殊作用。光强的昼夜变化会引起一些金藻的垂直运动，如分歧锥囊藻 *Dinobryon divergens* 等，夜晚下沉，日间浮游水面，而不宜运动的种类，如刺胞藻 *Spiniferomonas bourrellyi*，则不具有这种垂直运动方式。还有一些种类偏离这种运动方式，因此，对于这些由内部调控的运动方式还需进一步深入研究（Happey-Wood, 1988）。

温度和光照是季节物候变化中最重要的影响因素（Findenegg, 1947）。水树藻属 *Hydrurus* 通常生长在山泉中的岩石上，但当温度超过 10℃时，就会消失（Squires et al., 1973）。大多数金藻主要生活在初春和晚秋冷性的水体中，少数种类生活在温度略高的水体中（Kristiansen, 2005）。

在热带地区的国家，温度和光照的影响是可以忽略的，取而代之的是降雨量对金藻的影响（Kristiansen and Menezes, 1998）。在中国的武汉、宁波、杭州、嘉定、昆明等地生长有一些主要分布在热带和亚热带地区的种类，如环饰金球藻 *Chrysosphaerella annulata* 等（Dürrschmidt and Cronberg, 1989; Wei and Kristiansen, 1994）。在高纬度地区，金藻主要生长在夏季（Eloranta，1995）。通过对中国淡水金藻的调查研究，其区系分布与日本、韩国最为相似（Ito et al., 1981; Ito and Takahashi, 1982），因为三者同为北半球国家，属于北温带地区，金藻在春季和晚秋生长较为丰富。

pH 对金藻的分布同样重要。锥囊藻属 *Dinobryon* 与 pH 和其他环境因子的关系研究较多，大多数种类生活在微酸性或微碱性的水体中，但足形锥囊藻 *D. pediforme* 特征性的生活在酸性、棕色的湖水中（Eloranta, 1989）。棕鞭藻属 *Ochromonas* 的种类主要生活在 pH 为 2.5-3.5 的酸性湖水中（Nixdorf et al., 1998）。

pH 与硅质鳞片类金藻分布的关系研究也较多，如 Hartmann 和 Steinberg（1989）对德国、Eloranta（1989）对芬兰、Siver（1988）对北美洲以及 Smol 等（1984）对美国纽约州的阿迪朗达克（Adirondack）地区 pH 与硅质鳞片类金藻分布的关系都有报道。Siver 和 Hamer（1989）通过对美国康涅狄格州地区硅质鳞片类金藻分布生境的 pH、电导率、温度、总磷值进行聚类分析的结果表明，pH 和电导率是其分布的重要影响因子。通常情况下，在 pH 为 5.5-6.5 时，种类最多。Hustedt（1939）对印度尼西亚巽他群岛的调查研究也发现，金藻的分布与 pH 具有相关性。

3. 环境指示作用

由于金藻具有特殊的生态范围，因此对生态环境指示具有重要作用，可用于水质的监测，但由于硅质鳞片类鉴定需要电子显微镜观察，故而有一定困难。一些种类，如黄团藻属 *Uroglena* 和锥囊藻属 *Dinobryon* 对贫营养型水体具有指示作用。

金藻的生态指示作用还应用于古生态研究中。由于细胞死亡后，其硅质鳞片结构不会溶解而沉于水底，为湖泊的历史研究提供了佐证。通过湖泊沉积层表面金藻的季节变化，以及其孢囊和鳞片，可以研究湖泊的环境条件，并解释化石沉积的环境背景(Smol et al., 1984; Christie et al., 1988; De Jong and Kamenik, 2011)。根据鉴定出的种类的生态分布，可进行古湖沼学标记，研究其地底层结构(Kristiansen, 2005)。相对于孢囊，金藻的硅质鳞片对古湖沼学的重建研究有更直接的作用。在未被干扰的沉积层中，鳞片保存完好(Battarbee et al., 1980; Smol, 1980)。通过鉴定出的种类，可推测过去湖泊的 pH 等(Siver and Hamer, 1990; Cumming et al., 1991; Siver and Lott, 2000)。

四、中国淡水金藻门植物的研究概况

中国幅员辽阔，地跨温带、亚热带和热带，自然环境复杂多样，具有很丰富的藻类资源。但对于淡水金藻门植物的研究却比较薄弱，多为零星报道(谢树莲和冯佳，2007)。

1937 年，Skuja 发表了采自云南的 1 个新属种 *Nanurus flaccidus*。1940 年，饶钦止先生在中国四川康定发现了水树藻 *Hydrurus foetidus*(Jao, 1940)，它是金藻门植物高级类型的代表。随后，1951 年，饶钦止先生又在五里湖调查研究中也报道有金藻门植物，并简要分析了金藻门主要种类及其数量的季节变化(饶钦止，1962)。1961 年，Skvortzov 报道了中国东北哈尔滨的金藻门植物，包括 133 种 1 变种，但遗憾的是他的鉴定没有依据硅质鳞片结构，因而有些种类鉴定的准确性存在疑问，但另一方面也表明了中国分布有丰富的金藻门植物(Skvortzov, 1961)。李尧英等(1992)在 1961-1976 年对西藏地区进行了多次科学考察，采得了非常丰富的藻类标本，但是由于标本固定采用的是甲醛溶液，因此只有那些具囊壳的种类和丝状种类能保存下来。饶钦止等(1974)报道了西藏的金藻门植物 3 属 3 种。施之新等(1994)在对横断山区考察研究中，共鉴定出金藻 9 属 9 种 3 个变种，其中 2 个种为中国新记录，即岸生金杯藻 *Kephyrion littorale* 和多瑙河拟黄群藻 *Synuropsis danubiensis*。1988-1990 年，中国学者对武陵山区及云南高原三大湖泊滇池、洱海、抚仙湖的藻类植物进行了调查研究，发现该地区金藻门植物广泛分布，其中以锥囊藻属 *Dinobryon* 最为常见，主要的种类有分歧锥囊藻 *D. divergens*、密集锥囊藻 *D. sertularia* 和群聚锥囊藻 *D. sociale*，此外棕鞭藻属中的谷生棕鞭藻 *Ochromonas vallesiaca* 在水库中分布也较广。在黄土溪水库中，金藻门是浮游植物中的优势类群，包括球形色金藻 *Chromulina sphaerica*、玩赏棕鞭藻 *Ochromonas ludibunda*、螺旋锥囊藻 *D. spirale* 和群聚锥囊藻美国变种 *D. sociale* var. *americanum*(施之新等，1994)。魏印心报道了在湖北、安徽、江苏、浙江等省发现的金藻，包括球色金藻 *Chromulina globosa*、脆棕鞭藻 *Ochromonas fragilis*、卵形棕鞭藻 *O. ovalis*、北方金杯藻 *Kephyrion boreale*、饱满金杯藻 *K. impletum*、岸生金杯藻 *K. littorale*、具鞭金杯藻 *K. mastigophorum*、卵形金杯藻 *K. ovale*、浮游金杯藻 *K. planctonicum*、细颈金瓶藻 *Lagynion ampullaceum* 和分歧锥囊藻肖斯莱狄变种 *Dinobryon divergens* var. *schauinslandii*(魏印心，1994)，还报道了在湖北省洪湖发现的双隐孔金粒藻 *Chrysococcus diaphanus*(魏印心，1995)。1997 年施之新报道了中国金藻门植物的 3 个新种，颈状囊壳藻 *Bioceca colliformis*、缶形金瓶藻 *Lagynion urceolatum* 和心形弯鞭藻 *Erkenia cordata*。1998 年，施之新又报道了中国金藻门植物 1 新属胶瓶藻属 *Gloeourceolus* 以及单生胶瓶藻 *G. simplex*。李晓波等(2009)报道小色金藻 *Chromulina pygmaea* 采自上海。庞婉婷等(2016)报道金长柄藻

Stipitochrysis monorhiza 采自内蒙古，之后又报道了内蒙古大兴安岭的金藻 16 属 41 种和 3 变种，其中，9 种和 2 变种为中国新记录（Pang et al., 2019）。Jiang 等（2018, 2019）分别报道了采于山西宁武和太原的新种宁武锥囊藻 *Dinobryon ningwuensis* 和太原锥囊藻 *D. taiyuanensis*。此外，Pang 等（2019）在多地的浮游植物调查研究中都零星报道有金藻门植物。

从 1988 年起，魏印心等对中国的硅质鳞片类金藻进行了大量研究，报道了很多种类，已另卷描述（魏印心，2018）。

五、淡水金藻门植物的分类系统

Senn（1900）第一次根据鞭毛的数目对金藻门进行分类，将其分为 3 科，色金藻科（单鞭金藻科）Chromulinaceae 为 1 条鞭毛，定鞭金藻科 Hymenomonadaceae（=Haptophyta）具有 2 条等长的鞭毛，棕鞭藻科 Ochromonadaceae 则为 2 条不等长的鞭毛。

Pascher（1914）建立金藻纲 Chrysophyceae。之后，他将金藻纲分为 5 目，金胞藻目 Chrysomonadales、根金藻目 Rhizochrysidales、金囊藻目 Chrysocapsales、金球藻目 Chrysosphaerales 和金枝藻目 Phaeothamniales（Pascher, 1929）。同时，Pascher 还研究了金藻纲、黄藻纲 Xanthophyceae 和硅藻纲 Bacillariophyceae 之间的关系，在此基础上将三者合并，建立了金藻门 Chrysophyta。这个分类系统被 Huber-Pestalozzi（1941）沿用。

Bourrelly（1957）根据系统发生和细胞结构，如鞭毛数量、附着鞭毛、高尔基体、色素体片层和储藏物的结构特征等重新建立了金藻门的分类系统。他根据细胞壁的有无将金藻门分为 2 类，再根据鞭毛数目进行分类，将金藻纲 Chrysophyceae 分为褐片藻目 Phaeoplacales、胶粘藻目 Stichogloeales、褐枝藻目 Phaeothamniales、金皂藻目 Chrysapionales、叶状藻目 Thallochrysidales 和金球藻目 Chrysosphaerales 6 目。之后，又将其分为 7 目，棕鞭藻目 Ochromandales、等鞭金藻目 Isochrysidale、色金藻目 Chromulinales、领胞藻目 Craspedomonadales、硅鞭藻目 Silicoflagellales、金科藻目 Chrysococcales 和根金藻目 Rhizochrysidales。Bourrelly（1965）认为分类的主要标准应该是鞭毛的数量，又将金藻门分为 3 个亚纲：Acantochrysophycideae，无鞭毛，包括根金藻目 Rhizochrysidales、褐片藻目 Phaeoplacales、胶粘藻目 Stichogloeales 和金袋藻目 Chrysosaccales；Heterochrysophycideae，具 1 条鞭毛或 2 条不等长的鞭毛，包括色金藻目 Chromulinales 和棕鞭藻目 Ochromonadales；Isochrysophycideae（该亚纲现在已被独立为定鞭藻门 Haptophyta）（Christensen, 1962; Hibberd, 1976），具 2 条等长鞭毛，包括等鞭金藻目 Isochrysidales 和土栖藻目 Prymnesiales。这个分类系统被 Starmach（1980, 1985）应用。

1962 年，Christersen 将金藻门分为金藻纲 Chrysophyceae 和定鞭藻纲 Haptophyceae。随着电子显微镜技术的发展，通过金藻鳞片形态亚显微结构和光合色素的研究，有学者认为金藻门应分为 2 纲，金藻纲 Chrysophyceae 和黄群藻纲 Synurophyceae（Cavalier-Smith, 1986; Andersen, 1987）。

Preisig（1995）基于亚显微结构建立了更具有逻辑性的金藻分类系统，随后，Kristiansen 和 Preisig（2001）对其进行了修订。本文主要采用该系统，其主要内容如下所述。

囊壳藻纲 BICOSOECOPHYCEAE（Bikosea）Loeblich & Loeblich 1979（单细胞或群体，运动，无色素体，细胞具花瓶状的囊壳）

  囊壳藻目 BICOSOECALES（Bicosoecida）Grassé 1926

    囊壳藻科 Bicosoecaceae（Bicosoecidae）Stein 1878

    坎伏特藻科 Cafeteriaceae（Cafeteriidae）Moestrup 1995

    拟树状藻科 Pseudodendromonadaceae Karpov 2000

    斯鲁安藻科 Siluaniaceae Karpov 1998

金藻纲 CHRYSOPHYCEAE Pascher 1914（单细胞、群体或丝状体，运动或不运动，有色素体，细胞一般不具硅质鳞片）

  色金藻目 CHROMULINALES Pascher 1910

    色金藻科 Chromulinaceae Engler 1897

    金变形藻科 Chrysamoebaceae Poche 1913

    金囊藻科 Chrysocapsaceae Pascher 1912a

    金枝藻科 Chrysolepidomonadaceae Peters et Andersen 1993

    金球藻科 Chrysosphaeraceae Pascher 1914

    金叶藻科 Chrysothallaceae Huber-Pestalozzi 1941

    锥囊藻科 Dinobryaceae Ehrenberg 1834

    近囊胞藻科 Paraphysomonadaceae Preisig et Hibberd 1983

  蛰居金藻目 HIBBERDIALES Andersen 1989

    蛰居金藻科 Hibberdiaceae Andersen 1989

    金柄藻科 Stylococcaceae Lemmermann 1899a

  水树藻目 HYDRURALES Pascher 1931b

    水树藻科 Hydruraceae Rostafiński 1881

  裂形藻目 PARMALES Booth et Marchant 1987

    五片藻科 Pentalaminaceae Booth et Marchant 1987

    三裂藻科 Triparmaceae Booth et Marchant 1987

网骨藻纲 DICTYOCHOPHYCEAE Silva 1980（单细胞，运动，有色素体，细胞一般具有硅质骨架）

  网骨藻目 DICTYOCHALES Haeckel 1894

    网骨藻科 Dictyochaceae Lemmermann 1901

  柄钟藻目 PEDINELLALES Zimmermann, Moestrup et Hällfors 1984

    蠕胞藻科 Cyrtophoraceae Pascher 1911b

    柄钟藻科 Pedinellaceae Pascher 1910

海金藻纲 PELAGOPHYCEAE Andersen et Saunders in Andersen et al. 1993（单细胞，运动能力弱，有退化的鞭毛或根足，有色素体）

  海金藻目 PELAGOMONADALES Andersen et Saunders in Andersen et al. 1993

    海金藻科 Pelagomonadaceae Andersen et Saunders in Andersen et al. 1993

肉金藻目 SARCINOCHRYSIDALES Gayral et Billard 1977

  肉金藻科 Sarcinochrysidaceae Gayral et Billard 1977

褐枝藻纲 PHAEOTHAMNIOPHYCEAE Andersen et Bailey in Bailey et al. 1998(丝状体或伸展为盘状的假薄壁组织状，有色素体)

褐枝藻目 PHAEOTHAMNIALES Bourrelly 1954

  褐枝藻科 Phaeothamniaceae Hansgirg 1886

边色藻目 PLEUROCHLORIDELLALES Ettl 1956

  边色藻科 Pleurochloridellaceae Ettl 1956

土栖藻纲 PRYMNESIOPHYCEAE Hibberd 1976(定鞭藻纲 HAPTOPHYCEAE Christensen 1962)(单细胞，运动，有色素体，具称为定鞭毛的附着丝)

球石藻目 COCCOLITHOPHORALES Schiller 1926

  球石藻目科 Coccolithophoraceae Schiller 1926

  扁球藻科 Rhabdosphaeraceae Lemmermann 1908a

等鞭藻目 ISOCHRYSIDALES Pascher 1910

  等鞭金藻科 Isochrysidaceae Pascher 1910

帕芙藻目 PAVLOVALES Green 1976

  帕芙藻科 Pavlovaceae Green 1976

土栖藻目 PRYMNESIALES Papenfuss 1955

  土栖藻科 Prymnesiaceae Conrad 1926

  褐胞藻科 Phaeocystaceae Lagerheim 1896

黄群藻纲 SYNUROPHYCEAE Andersen 1987(单细胞或群体，运动，有色素体，细胞具硅质鳞片)

黄群藻目 SYNURALES Andersen 1987

  鱼鳞藻科 Mallomonadaceae Diesing 1866

  黄群藻科 Synuraceae Lemmermann 1899b

金　藻　纲

CHRYSOPHYCEAE

植物体自由运动的种类为单细胞或群体,群体的种类球形或卵形,细胞放射状排列,有的具透明的胶被。细胞球形、椭圆形、卵形或梨形。不能运动的种类为变形虫状、胶群体状、球粒形、叶状体形、分枝或不分枝丝状体形。运动的种类细胞前端具 1 条、2 条等长或不等长的鞭毛。金藻纲中表质具硅质鳞片的仅有色金藻目 Chromulinales 中的近囊胞藻科 Paraphysomonadaceae。

多数种类生长在淡水中。

本纲有 4 目。中国报道 3 目,其中水树藻目 Hydrurales 已另卷描述(魏印心,2018)。

金藻纲分目检索表

1. 植物体为单细胞或不分枝群体 ·· 2
1. 植物体为分枝的胶群体 ·· 水树藻目 **Hydrurales**
  2. 细胞裸露、具鳞片或囊壳,囊壳的基部不具 2 个尖头状的突起 ········· 色金藻目 **Chromulinales**
  2. 细胞具囊壳,囊壳的基部具 2 个尖头状的突起 ·················· 蛰居金藻目 **Hibberdiales**

一、色金藻目

CHROMULINALES

植物体为单细胞或疏松的暂时性或永久性群体,自由运动或着生。细胞裸露,可变形或原生质外具囊壳或具多数硅质鳞片,囊壳壁和鳞片平滑或具花纹,具 1 条、2 条等长或不等长的鞭毛,从细胞顶部伸出,具 1 到数个伸缩泡。色素体周生,片状,1 个或 2 个,灰黄褐色、黄色、黄褐色,具金藻昆布糖和油滴,呈颗粒状。眼点 1 个,细胞核单个,明显。

营养繁殖为细胞纵分裂形成 2 个子细胞,具囊壳的种类为囊壳内的原生质体分裂形成新个体。无性生殖形成静孢子。

主要生长在淡水中或含微盐的水体中。

本目有 8 科。中国报道 6 科,其中近囊胞藻科 Paraphysomonadaceae 已另卷描述(魏印心,2018)。

色金藻目分科检索表

1. 植物体为变形虫状的单细胞或群体 ································· 金变形藻科 **Chrysamoebaceae**
1. 植物体不为变形虫状的单细胞或群体 ·· 2
  2. 植物体为不定形群体,营养细胞不具鞭毛,不运动 ·· 3

（一）色金藻科
CHROMULINACEAE

植物体为单细胞或群体，自由运动。细胞裸露，可变形，具 1 条、2 条等长或不等长的鞭毛，从细胞前端伸出，1 到多个伸缩泡，具 1 个眼点或无，色素体周生，片状，1-2 个，金褐色，具 1 个大的或多个小颗粒的金藻昆布糖。

营养繁殖为细胞纵分裂形成 2 个子细胞。无性生殖形成静孢子或形成多数细胞的胶群体。

生长在淡水和海水中。

本科有 30 多属。中国报道 10 属，其中屋胞藻属 *Oikomonas* 已另卷描述（魏印心，2018）。

模式属：色金藻属 *Chromulina* Cienkowsky。

色金藻科分属检索表

Ⅰ. 花胞藻属 **Anthophysa** Bory

Bory de Saint-Vincent, Dictionaire Classique d'Histoire Naturelle par Messieurs

Audouin, p. 427, 1822.

  植物体为群体，球形或半球形，可多达 60 个细胞，自由游动或固着，固着生长时具胶质柄，幼时无色，成熟时弯曲，并由于铁、锰、磷酸盐等的沉积呈黄色或黄褐色。细胞无色，裸露，似变形虫状、梨形或倒锥形，顶端钝，具 2 条等长的鞭毛，细胞后端具有原生质丝状突起，集中于群体中部。细胞核 1 个，较大，伸缩泡 1-3 个，金藻昆布糖颗粒 1 至多数，眼点有或无。

  营养繁殖为细胞分裂或群体破裂。

  分布于淡水湖泊和池塘中。

  本属有 6 种。中国报道 1 种。

  模式种：花胞藻 *Anthophysa vegetans*(O.F. Müller) Stein。

1. 花胞藻 图版 I: 1

Anthophysa vegetans (O.F. Müller) Stein, Der Organismus der Infusionsthiere nach eigenen Forschungen in Systematischer Reihenfolge bearbeitet. vol. 1, p. 36, pl. 5. Fig. 1, 1', 1878; Starmach, Flora Slodkowodna Polski, Tom 5, Chrysophyta I, p. 99, fig. 140, 1968; Belcher et Swale, British Phycological Journal, **7**: 335, fig. 1-18, 1972; Lee et Kugrens, Journal of Phycology, **25**: 593, fig. 1-8, 1989; 冯佳，谢树莲，植物研究，**30**(6)：653, 2010; Andersen et Woelkerling, Notulae Algarum, **22**: 1, fig. 1, 2017.

Volvox vegetans O.F. Müller, Animalcula Infusoria, Fluviatilia et Marina, p. 22, pl. 3, fig. 22-25, 1786.

  植物体为群体，基部具黄褐色的柄，可分叉。细胞小，梨形或锥形，为无色变形虫状，可自由游动，前端钝圆，具 2 根不等长的鞭毛，后端具延伸的原生质丝，具有眼点，1 个较大的细胞核，侧位。群体直径 30-34μm，细胞长 7-10μm，宽 5-8μm。

  生境：湖泊、池塘。

  国内分布：山西(洪洞、晋城、宁武、平定、朔州、太原)，黑龙江(方正)。

  国外分布：欧洲(波兰、德国、芬兰、罗马尼亚、西班牙、英国)，北美洲(美国)，南美洲(阿根廷)，大洋洲(新西兰)。

Ⅱ. 色金藻属(单鞭金藻属) **Chromulina** Cienkowsky

Cienkowsky, Arch Microskop Anatomia, **6**: 435, 1870.

  植物体为单细胞，球形、卵形、椭圆形、纺锤形或梨形，能变形，自由运动，偶尔以细胞后端固着。细胞裸露，无细胞壁，表质平滑或具小颗粒，前端常斜截，具 1 条长的茸鞭型鞭毛，另 1 条尾鞭型的鞭毛退化，仅在电镜中能观察到，具 1-6 个伸缩泡，色素体周生，片状，1-2 个，金黄色，有的种类具 1 蛋白核，通常具有眼点，位于近鞭毛的基部，细胞核 1 个，位于细胞的前部、中部或后部，光合作用产物为油滴和金藻昆布糖，位于细胞后部，球形，1 至数个。

营养繁殖为细胞纵分裂。无性生殖形成静孢子或胶群体。

大多数种类生长在淡水中，常存在于池塘、湖泊和沼泽中，有时可大量出现，使水着色或形成漂浮层，少数生长在海水和半咸水中。

本属有近 70 种。中国报道 19 种。

模式种：雾状色金藻 *Chromulina nebulosa* Cienkowsky。

色金藻属分种检索表

1. 细胞表面粗糙或具瘤状突起 ··· 2
1. 细胞表面平滑 ··· 7
  2. 细胞表面粗糙 ·· 3
  2. 细胞表面具瘤状突起 ·· 4
3. 细胞球形 ·· **1. 圆形色金藻 C. rotundata**
3. 细胞椭圆形 ·· **2. 椭圆色金藻 C. ellipsoidea**
  4. 细胞球形 ··· 5
  4. 细胞卵形或筒状 ·· 6
5. 前端圆形，前端中部不凸出 ·· **3. 球色金藻 C. globosa**
5. 前端一般呈斜截形，中部凸出 ·· **4. 变形色金藻 C. pascheri**
  6. 细胞卵形 ·· **5. 春季色金藻 C. vernalis**
  6. 细胞近筒状 ·· **6. 游泳色金藻 C. natans**
7. 具眼点 ·· 8
7. 无眼点 ·· 15
  8. 细胞球形或宽卵形 ·· 9
  8. 细胞长卵形、椭圆形或纺锤形 ·· 11
9. 细胞小，直径小于 10μm ·· 10
9. 细胞大，直径大于 10μm ·························· **7. 松花江色金藻 C. sungariensis**
  10. 鞭毛为体长的约 1.5 倍 ·································· **8. 小色金藻 C. pygmaea**
  10. 鞭毛为体长的 2-3 倍 ·································· **9. 绿色金藻 C. viridis**
11. 色素体 1 个 ·· 12
11. 色素体 2 个 ·· 14
  12. 细胞纺锤形 ······································· **10. 深水色金藻 C. prufunda**
  12. 细胞近椭圆形或倒卵形 ·· 13
13. 前端略凹入 ··· **11. 卵形色金藻 C. ovalis**
13. 前端不凹入 ··· **12. 柱状色金藻 C. stygmatella**
  14. 细胞球形或宽卵形 ································· **13. 易变色金藻 C. variabilisa**
  14. 细胞长卵形或纺锤形 ······························· **14. 异形色金藻 C. dissimilis**
15. 细胞球形、卵形或纺锤形 ·· 16
15. 细胞椭圆形或椭圆状圆柱形 ·· 18
  16. 色素体 1 个 ·· 17
  16. 色素体 2 个 ····································· **15. 球形色金藻 C. sphaerica**
17. 细胞后端狭缩呈尾状 ······························· **16. 雾状色金藻 C. nebulosa**
17. 细胞后端钝圆 ······································· **17. 华美色金藻 C. elegans**
  18. 细胞椭圆状圆柱形 ································· **18. 伪暗色金藻 C. pseudonebulosa**

1. 圆形色金藻　图 3

Chromulina rotundata Skvortzov, Bulletin of the Herbarium of North-Eastern Forestry
  Academy (Harbin), **3**: 23, pl. 6, fig. 15, 1961.

　　细胞球形，无色，表质粗糙，顶端具 1 条鞭毛，为体长的 1.2-1.3 倍，从细胞前端
中央伸出，前端具伸缩泡，色素体周生，片状，2 个，黄褐色，位于细胞的中部。细胞
直径 8-9μm。

　　生境：水坑。

　　国内分布：黑龙江(哈尔滨)。

　　国外分布：未见报道。

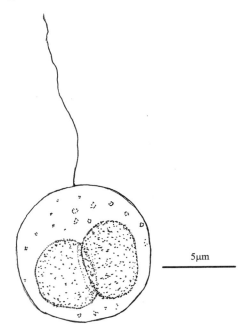

5μm

图 3　圆形色金藻 (仿 Skvortzov，1961)

Fig. 3　*Chromulina rotundata* Skvortzov (after Skvortzov, 1961)

2. 椭圆色金藻　图 4

Chromulina ellipsoidea Skvortzov, Bulletin of the Herbarium of North-Eastern Forestry
  Academy (Harbin), **3**: 23, pl. 7, fig. 4, 1961.

　　细胞椭圆形，无色，表质粗糙，顶端具 1 条鞭毛，约等于体长，从细胞前端中央伸
出，前端具伸缩泡，具眼点，色素体周生，片状，2 个，黄褐色，位于细胞的中部。细
胞长 22μm，宽 11μm。

　　生境：水坑。

　　国内分布：黑龙江(哈尔滨)。

　　国外分布：未见报道。

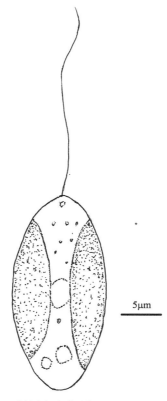

图 4 椭圆色金藻（仿 Skvortzov，1961）

Fig. 4 *Chromulina ellipsoidea* Skvortzov（after Skvortzov，1961）

3. 球色金藻　图 5

Chromulina globosa Pascher, Süsswasserflora Dcutschlands, Österreichs un der Schweiz, 2, p. 21, fig. 22, 1913; Huber-Pestalozzi, Das Phytoplankton des Süßwassers, 2. Teil, 1. Häfte, p. 43, Abb. 48, 1941; Starmach, Flora Slodkowodna Polski, Tom 5, Chrysophyta I, p. 124, fig. 192, 1968; Starmach, Süßwasserflora von Mitteleuropa, Band 1, Chrysophyceae und Haptophyceae, p. 70, fig. 90, 1985; 魏印心, 山西大学学报（自然科学版），**17**（1）：60, fig. 1, 1994; Dillard, Bibliotheca Phycologica, **112**: 14, pl. 2, fig. 12, 2007.

Chromulina patelliformis Skvortzov, Bulletin of the Herbarium of North-Eastern Forestry Academy（Harbin），**3**: 24, pl. 6, fig. 16-18, 1961.

　　细胞球形至近球形，有时略变形，表质具颗粒和不规则排列的瘤，顶端具 1 条鞭毛，为体长的 1.2-2 倍，从细胞前端中央伸出，前端具 2 个伸缩泡，色素体周生，片状，1 个，褐绿色，位于细胞的中部。细胞长 14-18μm，宽 16-19μm。

　　生境：泉水、水坑。

　　国内分布：山西（长治、平定），黑龙江（哈尔滨），浙江（杭州）。

　　国外分布：欧洲（德国、俄罗斯、捷克），北美洲（美国）。

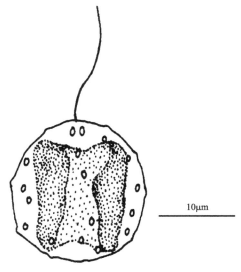

图 5　球色金藻（自魏印心，1994）

Fig. 5　*Chromulina globosa* Pascher（from Wei, 1994）

4. 变形色金藻　图 6

Chromulina pascheri Hofeneder, Archiv für Protistenkunde, **29**: 293, 1937; Huber-Pestalozzi, Das Phytoplankton des Süßwassers, 2. Teil, 1. Häfte, p. 43, Abb. 49, 1941; Starmach, Flora Slodkowodna Polski, Tom 5, Chrysophyta I, p. 126, fig. 194, 1968; Starmach, Süßwasserflora von Mitteleuropa, Band 1, Chrysophyceae und Haptophyceae, p. 70, fig. 89, 1985; Dillard, Bibliotheca Phycologica, **112**: 14, pl. 2, fig. 16, 2007.

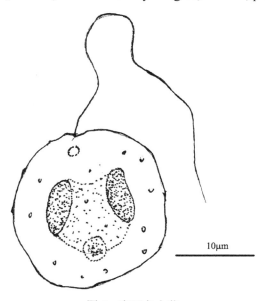

图 6　变形色金藻

Fig. 6　*Chromulina pascheri* Hofeneder

细胞球形，前端常明显变形，一般呈斜截形，前端中部凸出，表质具瘤状突起，具 1 条约为体长 2 倍的鞭毛，从前端中央伸出，鞭毛基部具 1 个伸缩泡，色素体周生，带状，半环形，1 个，位于细胞的中部，细胞核明显，位于细胞的后部。细胞直径 16-24μm。

生境：各种淡水水体。

国内分布：山西(太原)。

国外分布：欧洲(奥地利、比利时、俄罗斯)，北美洲(美国)。

5. 春季色金藻　图 7

Chromulina vernalis Skvortzov, Bulletin of the Herbarium of North-Eastern Forestry Academy (Harbin), **3**: 24, pl. 7, fig. 1-3, 1961.

细胞卵形，无色，表质粗糙，具小颗粒状突起，可变形，顶端具 1 条鞭毛，为体长的 1-1.5 倍，从细胞前端中央伸出，前端具伸缩泡，色素体周生，片状，2 个，绿褐色，位于细胞的中部。细胞长 11-16μm，宽 9-10μm。

生境：水坑。

国内分布：黑龙江(哈尔滨)。

国外分布：未见报道。

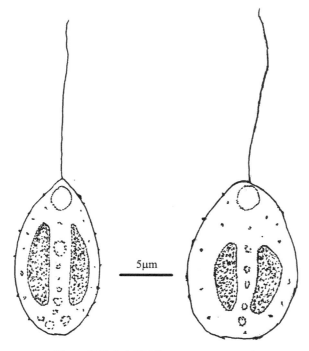

图 7　春季色金藻(仿 Skvortzov，1961)

Fig. 7　*Chromulina vernalis* Skvortzov (after Skvortzov, 1961)

6. 游泳色金藻　图 8

Chromulina natans Skvortzov, Bulletin of the Herbarium of North-Eastern Forestry Academy (Harbin), **3**: 23, pl. 6, fig. 14, 1961.

细胞近筒状，无色，表质粗糙，具颗粒状突起，可变形，前端微凹，斜截，不对称，顶端具 1 条鞭毛，约等于体长，从细胞前端中央伸出，前端具伸缩泡和眼点，色素体小片状，2 个，黄褐色，位于细胞的中后部。细胞长 6-7μm。

生境：沼泽。

国内分布：黑龙江(哈尔滨)。

国外分布：未见报道。

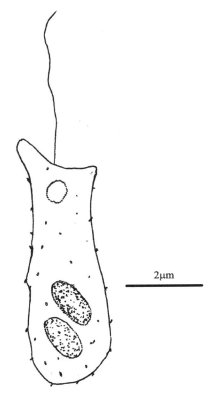

2μm

图 8　游泳色金藻(仿 Skvortzov，1961)

Fig. 8　*Chromulina natans* Skvortzov (after Skvortzov, 1961)

7. 松花江色金藻　图 9

Chromulina sungariensis Skvortzov, Bulletin of the Herbarium of North-Eastern Forestry Academy (Harbin), **3**: 14, pl. 3, fig. 1-3, 1961.

细胞近球形，无色，表质光滑，略可变形，顶端具 1 条鞭毛，约为体长的 1.5 倍，从细胞前端中央伸出，前端具眼点和 1-2 个伸缩泡，色素体片状，1 个，黄褐色，位于细胞的中后部。细胞直径 18.5μm。

生境：湖泊。

国内分布：黑龙江(哈尔滨)。

国外分布：未见报道。

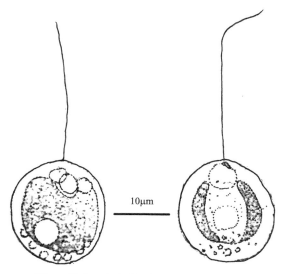

图 9　松花江色金藻（仿 Skvortzov，1961）

Fig. 9　*Chromulina sungariensis* Skvortzov（after Skvortzov，1961）

8. 小色金藻　图 10

Chromulina pygmaea Nygaard, Folia Limnologica Scandinavica, **8**: 32, 1956; Starmach, Flora Slodkowodna Polski, Tom 5, Chrysophyta I, p. 108, fig. 149, 1968; Starmach, Süßwasserflora von Mitteleuropa, Band 1, Chrysophyceae und Haptophyceae, p. 44, fig. 22, 1985; 李晓波等，上海师范大学学报（自然科学版），**38**（2）：193, fig. 2, 2009; Menezes et Bicudo, Xanthophyceae, in Forzza, Catálogo de Plantas e Fungos do Brasil, 1, p. 448, 2010.

Chromulina libera Skvortzov, Bulletin of the Herbarium of North-Eastern Forestry Academy（Harbin），**3**: 14, pl. 2, fig. 13, 1961.

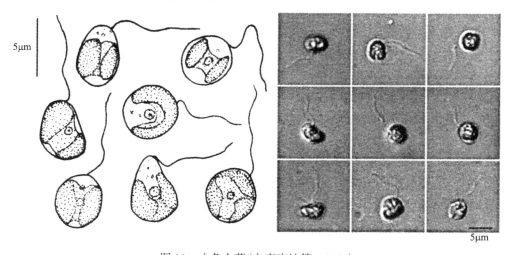

图 10　小色金藻（自李晓波等，2009）

Fig. 10　*Chromulina pygmaea* Nygaard（from Li et al., 2009）

细胞球形或宽卵形，有时圆柱形，末端圆形，略变形，表质无色，平滑，鞭毛 1 条，约为体长的 1.5 倍，色素体带状或片状，1 个，褐色，位于细胞边缘，不具蛋白核，具眼点，卵圆形。细胞长 4-7μm，宽 3-5μm。

生境：湖泊。

国内分布：黑龙江(哈尔滨)，上海。

国外分布：欧洲(丹麦、瑞典)，南美洲(巴西)。

9. 绿色金藻　图 11

Chromulina viridis Skvortzov, Bulletin of the Herbarium of North-Eastern Forestry Academy(Harbin), **3**: 13, pl. 2, fig. 12, 1961.

细胞球形，无色，表质光滑，顶端具 1 条鞭毛，为体长的 2-3 倍，从细胞前端中央伸出，前端具眼点和 1-2 个伸缩泡，色素体周生，片状，1 个，绿色。细胞直径 3-4μm。

生境：水坑。

国内分布：黑龙江(哈尔滨)。

国外分布：未见报道。

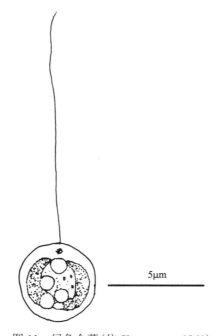

5μm

图 11　绿色金藻(仿 Skvortzov，1961)

Fig. 11　*Chromulina viridis* Skvortzov(after Skvortzov, 1961)

10. 深水色金藻　图 12

Chromulina prufunda Skvortzov, Bulletin of the Herbarium of North-Eastern Forestry Academy(Harbin), **3**: 18, pl. 4, fig. 12, 1961.

细胞纺锤形，无色，表质光滑，略可变形，顶端具 1 条鞭毛，为体长的 1-1.2 倍，从细胞前端中央伸出，前端具眼点和伸缩泡，色素体周生，片状，1 个，黄褐色。细胞长 18.5-19.5μm。

　　生境：湖泊。

　　国内分布：黑龙江(哈尔滨)。

　　国外分布：未见报道。

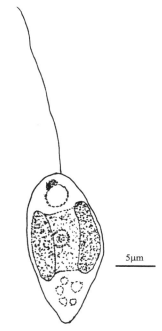

图 12　深水色金藻(仿 Skvortzov，1961)

Fig. 12　*Chromulina prufunda* Skvortzov (after Skvortzov, 1961)

11. 卵形色金藻　图版 I: 2

Chromulina ovalis Klebs, Zeitschrift für Wissenschaftliche Zoologie, **55**: 410, pl. 18, fig. 6: a-c, 1893; Huber-Pestalozzi, Das Phytoplankton des Süßwassers, 2. Teil, 1. Häfte, p. 28, Abb. 8, 1941; Starmach, Flora Slodkowodna Polski, Tom 5, Chrysophyta I, p. 108, fig. 146, 1968; Starmach, Süßwasserflora von Mitteleuropa, Band 1, Chrysophyceae und Haptophyceae, p. 55, fig. 51, 1985; Dillard, Bibliotheca Phycologica, **112**: 14, pl. 2, fig. 15, 2007; Kristiansen et Preisig, in John et al., The Freshwater Algal Flora of the British Isles, p. 283, pl. 72, fig. F, 2011.

Chromulian alutacea Skvortzov, Bulletin of the Herbarium of North-Eastern Forestry Academy (Harbin), **3**: 16, pl. 3, fig. 16-18, 1961.

　　细胞近椭圆形或倒卵形，自由游动，前端略凹入，后端形态明显变形，圆形或延长呈尾状，表质平滑，具 1 条鞭毛，约为体长的 1.5 倍，从前端中央伸出，鞭毛基部具 1-2 个伸缩泡，色素体 1 个，周生，片状，环绕细胞内腔的大部分，黄色至褐色，无蛋白核，有眼点。细胞长 9-14μm，宽 6-9μm。

　　生境：泉水、水沟。

　　国内分布：天津，山西(长治、宁武、平定)，黑龙江(哈尔滨)，四川(九寨沟)，江苏（无锡），台湾（台北）。

国外分布：亚洲（日本），欧洲（比利时、波兰、丹麦、德国、罗马尼亚、瑞士、西班牙、英国），北美洲（加拿大、美国），南美洲（阿根廷），大洋洲（澳大利亚、新西兰）。

12. 柱状色金藻　图 13

Chromulina stygmatella Skvortzov, Bulletin of the Herbarium of North-Eastern Forestry Academy（Harbin），**3**: 16, pl. 4, fig. 1-5, 1961.

细胞长卵形或椭圆形，无色，表质光滑，可变形，顶端具 1 条鞭毛，为体长的 1.2-1.5 倍，从细胞前端中央伸出，前端具眼点和 1-2 个伸缩泡，色素体周生，片状，1 个，绿褐色。细胞长 3-7μm。

生境：水坑。

国内分布：黑龙江（哈尔滨）。

国外分布：未见报道。

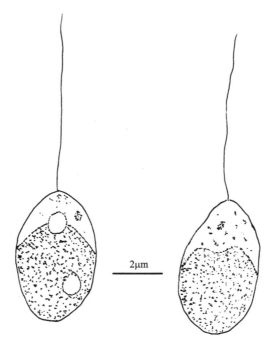

2μm

图 13　柱状色金藻（仿 Skvortzov，1961）

Fig. 13　*Chromulina stygmatella* Skvortzov（after Skvortzov, 1961）

13. 易变色金藻　图 14

Chromulina variabilisa Skvortzov, Bulletin of the Herbarium of North-Eastern Forestry Academy（Harbin），**3**: 17, pl. 4, fig. 10-11, 1961.

细胞球形或宽卵形，无色，表质光滑，可变形，顶端具 1 条鞭毛，约等于体长，从细胞前端中央伸出，前端具眼点和伸缩泡，色素体片状，2 个，位于细胞中部。细胞直径 14.5-16μm。

生境：湖泊。

国内分布：黑龙江(哈尔滨)。
国外分布：未见报道。

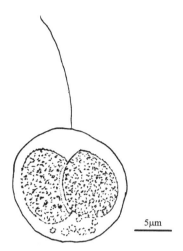

图 14 易变色金藻(仿 Skvortzov，1961)
Fig. 14 *Chromulina variabilisa* Skvortzov(after Skvortzov, 1961)

14. 异形色金藻 图 15

Chromulina dissimilis Skvortzov, Bulletin of the Herbarium of North-Eastern Forestry Academy(Harbin), **3**: 17, pl. 4, fig. 6-7, 1961.

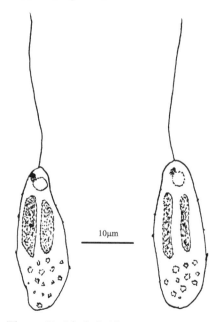

图 15 异形色金藻(仿 Skvortzov，1961)
Fig. 15 *Chromulina dissimilis* Skvortzov(after Skvortzov, 1961)

细胞长卵形或纺锤形，无色，表质光滑，可变形，顶端具 1 条鞭毛，为体长的 1-1.5

倍，从细胞前端中央伸出，前端具眼点和伸缩泡，色素体片状，2个，绿褐色，位于细胞中部。细胞长25-30μm，宽8-10μm。

生境：水坑。

国内分布：黑龙江（哈尔滨）。

国外分布：未见报道。

15. 球形色金藻　图16

Chromulina sphaerica Bachmann, Verhandlungen der Naturforschenden Gesellschaft in Basel, **35**: 166, pl. 3, fig. 8, 1923; Huber-Pestalozzi, Das Phytoplankton des Süßwassers, 2. Teil, 1. Häfte, p. 41, Abb. 42, 1941; Starmach, Flora Slodkowodna Polski, Tom 5, Chrysophyta I, p. 109, fig. 153, 1968; Starmach, Süßwasserflora von Mitteleuropa, Band 1, Chrysophyceae und Haptophyceae, p. 44, fig. 21, 1985; 施之新等，见：施之新等，西南地区藻类资源考察专集，p. 215，图版 III, fig. 3-4, 1994; Pang et al., Nova Hedwigia, 148: 49, fig. 2, 2019.

细胞球形或近球形，表面光滑，鞭毛约同身长相等或略超过身长，色素体2个，片状，周生，各具1个蛋白核，金藻昆布糖小颗粒数个。细胞直径6-10μm。

生境：水库、溪流。

国内分布：山西（长治、宁武、朔州），内蒙古（大兴安岭），湖南（吉首）。

国外分布：欧洲（德国）。

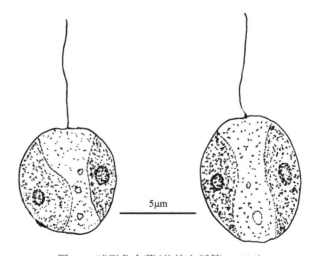

图16　球形色金藻（仿施之新等，1994）

Fig. 16　*Chromulina sphaerica* Bachmann（after Shi et al., 1994）

16. 雾状色金藻　图17

Chromulina nebulosa Cienkowsky, Archiv für Mikroskopische Anatomie, **6**: 435, pl. 24, fig. 57-61, 1870; Huber-Pestalozzi, Das Phytoplankton des Süßwassers, 2. Teil, 1. Häfte, p. 36, Abb. 31, 1941; Skvortzov, Bulletin of the Herbarium of North-Eastern Forestry Academy（Harbin）, **3**: 21, pl. 5, fig. 17-21, 1961; Starmach, Flora Slodkowodna Polski,

Tom 5, Chrysophyta I, p. 119, fig. 179, 1968; Starmach, Süßwasserflora von Mitteleuropa, Band 1, Chrysophyceae und Haptophyceae, p. 61, fig. 66, 1985; Menezes et Bicudo, Xanthophyceae, in Forzza, Catálogo de Plantas e Fungos do Brasil, 1, p. 448, 2010; Kristiansen et Preisig, in John et al., The Freshwater Algal Flora of the British Isles, p. 283, pl. 72, fig. E, 2011.

细胞能变形，卵形至纺锤形，表质平滑，细胞前端具 1 条鞭毛，为体长的 1-1.5 倍，从胞顶部伸出，色素体周生，带状，环形，1 个，细胞后部具金藻昆布糖和数个油滴，无眼点。细胞长 11-21μm。

生境：湖泊。

国内分布：黑龙江(哈尔滨)。

国外分布：亚洲(塔吉克斯坦、印度)，欧洲(德国、俄罗斯、瑞典、斯洛伐克、西班牙、匈牙利、英国)，南美洲(巴西)。

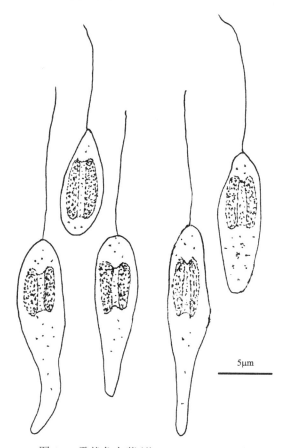

图 17　雾状色金藻(仿 Skvortzov，1961)

Fig. 17　*Chromulina nebulosa* Cienkowsky (after Skvortzov, 1961)

17. 华美色金藻　图 18

Chromulina elegans Doflein, Archiv für Protistenkunde, **46**: 267, 1923; Huber-Pestalozzi, Das Phytoplankton des Süßwassers, 2. Teil, 1. Häfte, p. 33, Abb. 25, 1941; Starmach,

Flora Slodkowodna Polski, Tom 5, Chrysophyta I, p. 109, fig. 152, 1968; Starmach, Süßwasserflora von Mitteleuropa, Band 1, Chrysophyceae und Haptophyceae, p. 45, fig. 25, 1985; Menezes et Bicudo, Xanthophyceae, in Forzza, Catálogo de Plantas e Fungos do Brasil, 1, p. 448, 2010.

细胞很小，能变形，球形或卵形，表质平滑，细胞前端具 1 条鞭毛，为体长的 1/2-3/4，从顶部伸出，鞭毛基部具 1 个伸缩泡，色素体周生，带状，环形，1 个，几乎占满细胞的内周边，金褐色，细胞后部具 1 个大的发亮的球形金藻昆布糖和数个油滴，无眼点，细胞核 1 个。细胞直径 3-3.5μm。

生境：水库。

国内分布：山西（大同）。

国外分布：欧洲（德国、西班牙），南美洲（巴西）。

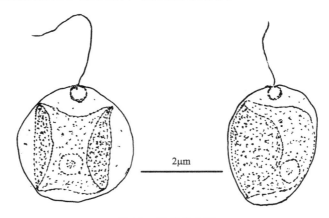

图 18　华美色金藻

Fig. 18　*Chromulina elegans* Doflein

18. 伪暗色金藻　图 19

Chromulina pseudonebulosa Pascher, Berichte der Deutsche Botanischen Gesellschaft XXIXI, p. 553, pl. XIX, fig. 23, 1911; Huber-Pestalozzi, Das Phytoplankton des Süßwassers, 2. Teil, 1. Häfte, p. 36, Abb. 30, 1941; Starmach, Flora Slodkowodna Polski, Tom 5, Chrysophyta I, p. 115, fig. 167, 1968; Starmach, Süßwasserflora von Mitteleuropa, Band 1, Chrysophyceae und Haptophyceae, p. 44, fig. 24, 1985.

细胞椭圆状圆柱形，前端圆形，基部形状可变，呈尖形尾状突起或长尖尾状，表质平滑，细胞前端具 1 条鞭毛，从细胞顶部伸出，约等于体长，基部具 1 个伸缩泡，色素体 1 个，周生，片状，位于细胞中部的周边，金褐色，细胞后部具 1 个大的发亮的球形金藻昆布糖和数个油滴，无眼点。细胞长 9-15μm，宽 1-7μm。

生境：小河。

国内分布：黑龙江（哈尔滨）。

国外分布：欧洲（奥地利、捷克、瑞典）。

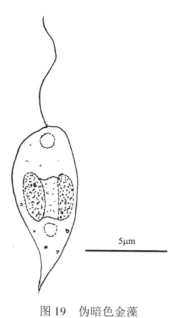

图 19　伪暗色金藻

Fig. 19　*Chromulina pseudonebulosa* Pascher

19. 乌龙色金藻　图 20

Chromulina woroniniana Fisch, Zeitschrift für wissenschaftliche Zoologie, **42**: 64, pl. 1, fig.
1-4, 1885; Huber-Pestalozzi, Das Phytoplankton des Süßwassers, 2. Teil, 1. Häfte, p. 32,
Abb. 19, 1941; Skvortzov, Bulletin of the Herbarium of North-Eastern Forestry
Academy (Harbin), **3**: 23, pl. 6, fig. 12, 13, 19, 20, 1961; Starmach, Flora Slodkowodna
Polski, Tom 5, Chrysophyta I, p. 112, fig. 158, 1968; Starmach, Süßwasserflora von
Mitteleuropa, Band 1, Chrysophyceae und Haptophyceae, p. 46, fig. 29, 1985.

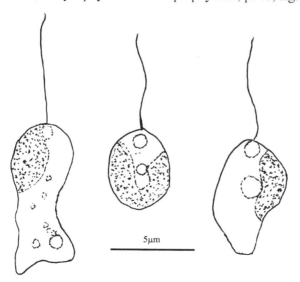

图 20　乌龙色金藻 (仿 Skvortzov，1961)

Fig. 20　*Chromulina woroniniana* Fisch (after Skvortzov, 1961)

细胞宽椭圆形，前端圆形，基部形状可变，呈尖形尾状突起或钝圆，表质平滑，细胞前端具 1 条鞭毛，从细胞顶部伸出，鞭毛基部具 1 个伸缩泡，色素体 1 个，周生，片状，细胞后部具金藻昆布糖和油滴，无眼点。细胞长 6-9μm，宽 5-7μm，鞭毛约等于体长。

　　生境：小河。

　　国内分布：黑龙江(哈尔滨)。

　　国外分布：欧洲(德国、俄罗斯、罗马尼亚)，南美洲(阿根廷)。

Ⅲ. 拟金藻属 Chrysapsis Pascher

Pascher, Chrysomonaden aus dem Hirschberger Grossteiche: Untersuchungen über die Flora des Hirschberger Grossteiches, I. Teil, vol. 1, p. 11, 1910.

　　植物体为单细胞，多角形或不规则形，或多或少易变形，自由运动。细胞裸露，无细胞壁，表质平滑，具 1 条长的茸鞭型鞭毛，另 1 条尾鞭型的鞭毛退化，具 1-3 个伸缩泡，色素体周生，网状，眼点有或无，位于近鞭毛的基部，细胞核 1 个，位于细胞的前部、中部或后部，光合作用产物为油滴和金藻昆布糖，位于细胞后部，小颗粒状。

　　营养繁殖为细胞纵分裂。无性生殖形成静孢子或胶群体。

　　大多数种类生长在淡水中。

　　本属有 4 种。中国报道 3 种。

　　模式种：*Chrysapsis cuminate*（Pascher）Pascher。

拟金藻属分种检索表

1. 细胞形状多角形，不易变形 ……………………………………………… **1. 多角拟金藻 *C. angulata***
1. 细胞形状不规则，易变形 ……………………………………………………………………… 2
　　2. 细胞形状呈星芒状 …………………………………………………… **2. 星状拟金藻 *C. stellata***
　　2. 细胞呈多棱形 ……………………………………………………… **3. 网状拟金藻 *C. reticulata***

1. 多角拟金藻　图 21

Chrysapsis angulata Skvortzov, Bulletin of the Herbarium of North-Eastern Forestry Academy(Harbin), **3**: 8, pl. 1, fig. 17, 1961.

　　细胞多角状，不易变形，表质无色，顶端具 1 条鞭毛，约为体长的 2 倍，从细胞前端中央伸出，色素体周生，网状，1 个，位于细胞的中部。细胞长 7.5-9.2μm。

　　生境：水沟。

　　国内分布：黑龙江(哈尔滨)。

　　国外分布：未见报道。

2. 星状拟金藻　图 22

Chrysapsis stellata Skvortzov, Bulletin of the Herbarium of North-Eastern Forestry Academy(Harbin), **3**: 8, pl. 1, fig. 18, 1961.

细胞极易变形，呈星芒状，伸出的原生质突起伪足状，顶端具 1 条鞭毛，为体长的 2-2.5 倍，从细胞前端中央伸出，色素体周生，网状，金黄色，位于细胞的中部。细胞直径 7.4-8μm。

生境：水沟。

国内分布：黑龙江（哈尔滨）。

国外分布：未见报道。

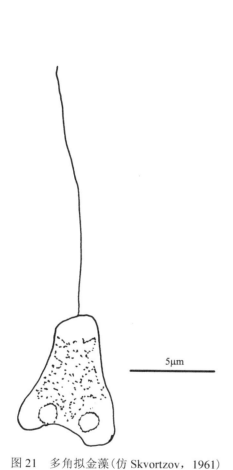

图 21　多角拟金藻（仿 Skvortzov，1961）

Fig. 21　*Chrysapsis angulata* Skvortzov（after Skvortzov，1961）

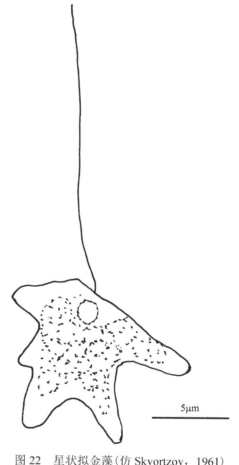

图 22　星状拟金藻（仿 Skvortzov，1961）

Fig. 22　*Chrysapsis stellata* Skvortzov（after Skvortzov，1961）

3. 网状拟金藻　图 23

Chrysapsis reticulata Skvortzov, Bulletin of the Herbarium of North-Eastern Forestry Academy（Harbin），**3**: 8, pl. 2, fig. 10, 1961.

细胞易变形，呈多棱状，轮廓呈圆形或椭圆形，顶端具 1 条鞭毛，约为体长的 2 倍，从细胞前端中央伸出，色素体周生，网状，金褐色，位于细胞的中部。细胞直径 5.7-7μm。

生境：水沟。

国内分布：黑龙江（哈尔滨）。

国外分布：未见报道。

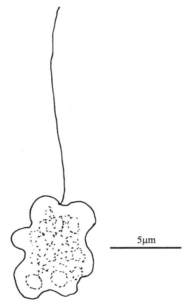

图 23　网状拟金藻（仿 Skvortzov，1961）

Fig. 23　*Chrysapsis reticulata* Skvortzov（after Skvortzov, 1961）

IV. 棕鞭藻属（赭球藻属）**Ochromonas** Vysotskij

Vysotskii, Trudy Obshchestva Ispytatelei Prirody Pri Imperatorskom

Kharkovskom Universitetie, **21**: 121, 1887.

植物体为单细胞，自由运动，偶有以细胞后端附着于基质上。细胞裸露，有的表面有小突起，不变形或可变形、球形、椭圆形、卵形、梨形等，有背腹部之分，有时形成伪足。细胞前端斜截，伸出 2 条不等长的鞭毛，具 1-4 个伸缩泡，通常具 1 个眼点，色素体周生，片状，1-3 个，金褐色，少数绿色，偶有退化为盘状或消失，具有眼点，有的具有 1 个蛋白核，具 1 个大的或多个小颗粒状金藻昆布糖，有时体表内有刺细胞。

繁殖为细胞纵分裂，形成 2 个子细胞。可形成数个细胞或许多细胞的胶群体，也可形成静孢子、孢囊。

生长在池塘、湖泊、沼泽、泉溪等淡水水体中。

本属有 60 多种。中国报道 22 种。

模式种：三角形棕鞭藻 *Ochromonas triangulate* Vysotskii。

棕鞭藻属分种检索表

1. 色素体 1 个 ·· 2
1. 色素体 2-3 个 ·· 16

1. 浮游棕鞭藻　图 24

Ochromonas planctonica Skvortzov, Bulletin of the Herbarium of North-Eastern Forestry Academy（Harbin），**3**: 41, pl. 11, fig. 1, 1961.

　　细胞球形，不易变形，无色，表面光滑，顶端具 2 条不等长的鞭毛，前端具伸缩泡，色素体三角状，1个，位于细胞的中部，黄褐色，细胞核1个，位于细胞中央，后端具1个球形或椭圆形的金藻昆布糖及一些脂肪颗粒。细胞直径8-10μm，长鞭毛约等于体长，短鞭毛约为体长的1/2。

生境：池塘。

国内分布：黑龙江(哈尔滨)。

国外分布：未见报道。

2. 杆状棕鞭藻　图25

Ochromonas bacillaris Skvortzov, Bulletin of the Herbarium of North-Eastern Forestry Academy(Harbin)，**3**: 43, pl. 11, fig. 14-16, 1961.

细胞近弯月形，可变形，无色，表面光滑，前端具2条不等长的鞭毛，侧生，具1-2个伸缩泡，色素体小片状，1个，位于细胞的中后部，黄褐色，细胞核1个，位于细胞中央，后端具多个金藻昆布糖及脂肪颗粒。细胞长15-18μm，长鞭毛为体长的1-1.3倍，短鞭毛约为体长的1/4-1/3。

生境：池塘。

国内分布：黑龙江(哈尔滨)。

国外分布：未见报道。

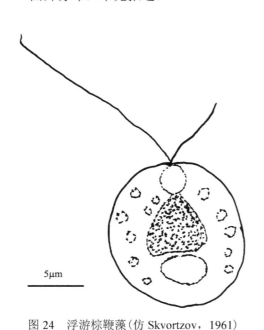

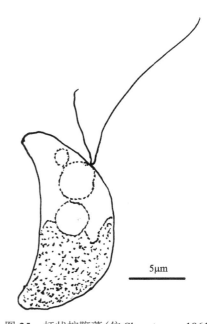

图24　浮游棕鞭藻(仿 Skvortzov，1961)

Fig. 24 *Ochromonas planctonica* Skvortzov(after Skvortzov, 1961)

图25　杆状棕鞭藻(仿 Skvortzov，1961)

Fig. 25 *Ochromonas bacillaris* Skvortzov(after Skvortzov, 1961)

3. 易变棕鞭藻　图26

Ochromonas metabolica Skvortzov, Bulletin of the Herbarium of North-Eastern Forestry Academy(Harbin)，**3**: 42, pl. 11, fig. 3-6, 1961.

细胞近球形或近卵形，易变形，表面具小刺突，前端具 2 条不等长的鞭毛，具眼点和伸缩泡，色素体小片状，1 个，位于细胞的中后部，黄褐色，细胞核 1 个，位于细胞中央，后端具多个金藻昆布糖及脂肪颗粒。细胞直径 11-15μm，长鞭毛为体长的 1-1.2 倍，短鞭毛为体长的 1/4-1/3。

生境：湖泊。

国内分布：黑龙江(哈尔滨)。

国外分布：未见报道。

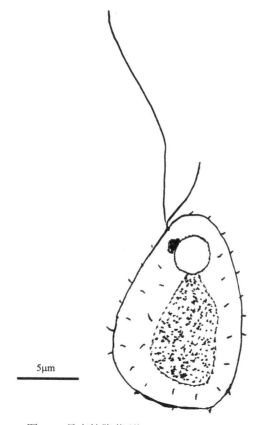

5μm

图 26　易变棕鞭藻(仿 Skvortzov，1961)
Fig. 26　*Ochromonas metabolica* Skvortzov (after Skvortzov, 1961)

4. 精致棕鞭藻　图 27

Ochromonas gracillima Skvortzov, Bulletin of the Herbarium of North-Eastern Forestry Academy (Harbin), **3**: 42, pl. 11, fig. 7, 8, 1961.

细胞倒卵形，略可变形，表面光滑，无色，前端具 2 条不等长的鞭毛，具伸缩泡，色素体小片状，1 个，位于细胞的中部，黄褐色，细胞核 1 个，位于细胞中央，后端具多个金藻昆布糖及脂肪颗粒。细胞长 22.5-24μm，宽 12μm，长鞭毛约等于体长，短鞭毛约为体长的 1/2。

生境：湖泊。

国内分布：黑龙江(哈尔滨)。

国外分布：未见报道。

5. 简单棕鞭藻　图 28

Ochromonas simplex Pascher, Berichte der Deutsche Botanischen Gesellschaft XXVII, p.
250, pl XI, fig. 5, 1909; Huber-Pestalozzi, Das Phytoplankton des Süßwassers, 2. Teil, 1.
Häfte, p. 162, Abb. 212, 1941; Starmach, Flora Slodkowodna Polski, Tom 5,
Chrysophyta I, p. 36, fig. 12, 1968; Starmach, Süßwasserflora von Mitteleuropa, Band 1,
Chrysophyceae und Haptophyceae, p. 171, fig. 323, 1985.

细胞椭圆形，不变形，前端具 2 条不等长的鞭毛，伸缩泡 2 个，色素体杯状，1 个，
位于细胞的基部，边缘不规则，黄褐色，细胞核 1 个，位于细胞中央。细胞长 15-20μm，
宽 12-14μm，长鞭毛约为体长的 2 倍，短鞭毛约为体长的 1/3。

生境：池塘、沼泽、泉溪等。

国内分布：山西(长治、太原)，内蒙古(呼和浩特)，辽宁(铁岭)，黑龙江(哈尔滨)，
河南(新乡)。

国外分布：欧洲(奥地利、德国、捷克、挪威)。

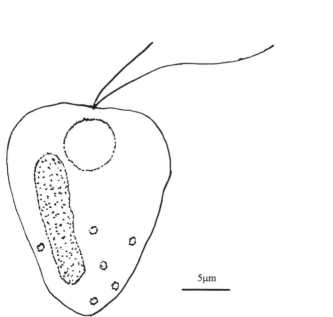

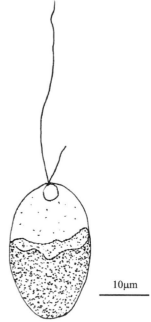

图 27　精致棕鞭藻(仿 Skvortzov，1961)
Fig. 27　*Ochromonas gracillima* Skvortzov (after
Skvortzov, 1961)

图 28　简单棕鞭藻
Fig. 28　*Ochromonas simplex* Pascher

6. 威斯鲁克棕鞭藻　图 29

Ochromonas wislouchii Skvortzov, Berichte der Deutsche Botanischen Gesellschaft, **43**:
312, fig. 1, 1925; Huber-Pestalozzi, Das Phytoplankton des Süßwassers, 2. Teil, 1. Häfte,
p. 162, Abb. 213, 1941; Skvortzov, Bulletin of the Herbarium of North-Eastern Forestry

Academy (Harbin), **3**: 44, pl. 12, fig. 2, 3, 1961; Starmach, Flora Slodkowodna Polski, Tom 5, Chrysophyta I, p. 36, fig. 13, 1968; Starmach, Süßwasserflora von Mitteleuropa, Band 1, Chrysophyceae und Haptophyceae, p. 171, fig. 324, 1985.

细胞长圆形至倒卵形，可变形，表面光滑，无色，前端具 2 条不等长的鞭毛，具眼点和 3 个伸缩泡，色素体杯状，1 个，位于细胞的基部，边缘不规则，细胞核 1 个，位于细胞中央，后端具多个金藻昆布糖及脂肪颗粒。细胞长 11-12μm，宽 12μm，长鞭毛约等于体长，短鞭毛约为体长的 1/3。

生境：湖泊。

国内分布：黑龙江(哈尔滨)。

国外分布：未见报道。

7. 空泡棕鞭藻　图 30

Ochromonas vacuolaris Skvortzov, Bulletin of the Herbarium of North-Eastern Forestry Academy (Harbin), **3**: 42, pl. 11, fig. 2, 1961.

细胞近球形，略可变形，表面光滑，无色，前端具 2 条不等长的鞭毛，具 2 个伸缩泡，色素体片状，1 个，位于细胞的中后部，细胞核 1 个，位于细胞中央，后端具金藻昆布糖及脂肪颗粒。细胞直径 10-13μm，长鞭毛约等于体长，短鞭毛约为体长的 1/2。

生境：湖泊。

国内分布：黑龙江(哈尔滨)。

国外分布：未见报道。

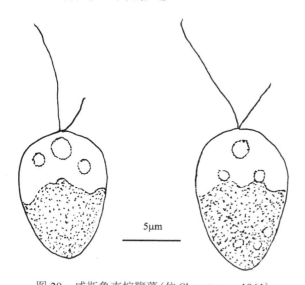

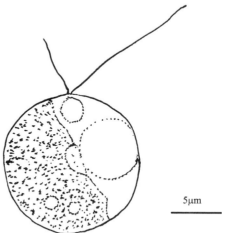

图 29　威斯鲁克棕鞭藻(仿 Skvortzov，1961)
Fig. 29　*Ochromonas wislouchii* Skvortzov (after Skvortzov, 1961)

图 30　空泡棕鞭藻(仿 Skvortzov，1961)
Fig. 30　*Ochromonas vacuolaris* Skvortzov (after Skvortzov, 1961)

8. 极小棕鞭藻　图 31

Ochromonas minutissima Skvortzov, Bulletin of the Herbarium of North-Eastern Forestry
　　Academy (Harbin), **3**: 43, pl. 12, fig. 1, 1961.

　　细胞近球形，不变形，表面光滑，前端具 2 条不等长的鞭毛，具伸缩泡，色素体片状，1 个，位于细胞的中后部，黄绿色，细胞核 1 个，位于细胞中央。细胞直径 5-6μm，长鞭毛约等于体长，短鞭毛约为体长的 1/3。

　　生境：湖泊。

　　国内分布：黑龙江(哈尔滨)。

　　国外分布：未见报道。

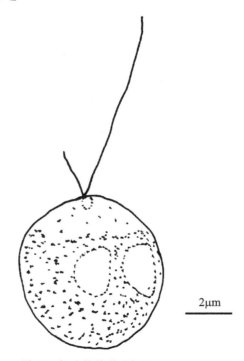

图 31　极小棕鞭藻 (仿 Skvortzov，1961)
Fig. 31　*Ochromonas minutissima* Skvortzov (after Skvortzov, 1961)

9. 中华棕鞭藻　图 32

Ochromonas chinensis Skvortzov, Bulletin of the Herbarium of North-Eastern Forestry
　　Academy (Harbin), **3**: 44, pl. 12, fig. 4-6, 1961.

　　细胞卵形，略可变形，表面光滑，无色，前端狭缩呈锥状，后端钝圆，顶端具 2 条不等长的鞭毛，前端具 1 个伸缩泡，色素体周生，大片状，1 个，黄褐色，细胞核 1 个，位于细胞中央，后端具多个较大的球状或环状的金藻昆布糖及脂肪颗粒。细胞长 11-15μm，宽 7-8μm，长鞭毛为体长的 1-1.5 倍，短鞭毛为体长的 1/3。

　　生境：水沟。

　　国内分布：黑龙江(哈尔滨)。

　　国外分布：未见报道。

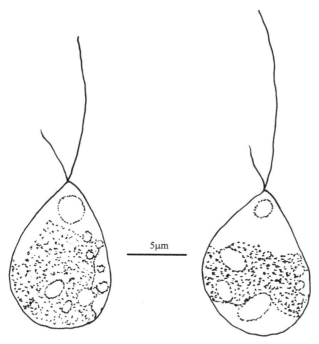

图 32　中华棕鞭藻（仿 Skvortzov，1961）

Fig. 32　*Ochromonas chinensis* Skvortzov（after Skvortzov, 1961）

10. 卵形棕鞭藻　图 33

Ochromonas ovalis Doflein, Archiv für Protistenkunde, **46**: 305, pl. 22, fig. 34-38, 1923; Huber-Pestalozzi, Das Phytoplankton des Süßwassers, 2. Teil, 1. Häfte, p. 167, Abb. 222, 1941; Starmach, Flora Slodkowodna Polski, Tom 5, Chrysophyta I, p. 42, fig. 28, 1968; Starmach, Süßwasserflora von Mitteleuropa, Band 1, Chrysophyceae und Haptophyceae, p. 179, fig. 350, 1985; 魏印心，山西大学学报（自然科学版），**17**（1）：61, fig. 4, 1994.

　　细胞卵形，明显变形，顶端具 2 条不等长的鞭毛，前端具 1-2 个伸缩泡，色素体周生，片状，1 个，黄色，位于细胞中部，1 个多数位于细胞后部的球形金藻昆布糖及许多脂肪颗粒。细胞长 7-9μm，宽 6-7.5μm，长鞭毛长于体长，短鞭毛短于体长的 1/2。

　　生境：各种淡水水体。

　　国内分布：山西（长治、大同、宁武、朔州），江苏（徐州），山东（济南），湖北（武汉）。

　　国外分布：欧洲（德国、罗马尼亚、西班牙），南美洲（巴西）。

11. 谷生棕鞭藻　图 34，图版 I: 3

Ochromonas vallesiaca Chodat, Bulletin de la Société Botanique de Genève, **13**（2）：66, 1921; Huber-Pestalozzi, Das Phytoplankton des Süßwassers, 2. Teil, 1. Häfte, p. 163, Abb. 215, 1941; Starmach, Flora Slodkowodna Polski, Tom 5, Chrysophyta I, p. 38, fig. 18, 1968; Starmach, Süßwasserflora von Mitteleuropa, Band 1, Chrysophyceae und Haptophyceae, p. 173, fig. 334, 1985.

　　细胞常为倒卵形，可明显变形，有时可出现伪足，前端截形并微凹，顶端具 2 条不等长的鞭毛，鞭毛基部具 1-2 个伸缩泡，色素体周生，带状，1 个，环绕细胞的中部，黄褐色至金黄色，眼点 1 个，线形，位于细胞的前端，具 1 个球形金藻昆布糖及许多脂肪颗粒。细胞长 7-9µm，宽 6-8µm，长鞭毛为体长的 1-2 倍，短鞭毛为体长的 1/3-2/3。

生境：水库、沼泽、泉溪。

国内分布：山西(长治、宁武)，江苏(徐州)，安徽(怀宁)，湖南(吉首、麻阳)，贵州(荔波、松桃、沿河)，台湾(台南)

国外分布：欧洲(奥地利、瑞士)。

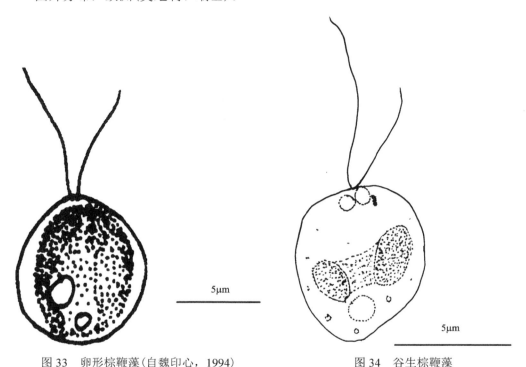

图 33　卵形棕鞭藻(自魏印心，1994)
Fig. 33　*Ochromonas ovalis* Doflein(from Wei, 1994)

图 34　谷生棕鞭藻
Fig. 34　*Ochromonas vallesiaca* Chodat

12. 辉煌棕鞭藻　图 35

Ochromonas nasuta Skvortzov; Huber-Pestalozzi, Das Phytoplankton des Süßwassers, 2. Teil, 1. Häfte, p. 176, Abb. 243, 1941; Skvortzov, *Proceedings of the Harbin Society of Natural History and Ethnography*, 2: 15, pl. 2, fig. 11, 12, 1946; Skvortzov, *Bulletin of the Herbarium of North-Eastern Forestry Academy*(Harbin), **3**: 44, pl. 12, fig. 7, 8, 1961; Starmach, Süßwasserflora von Mitteleuropa, Band 1, Chrysophyceae und Haptophyceae, p. 189, fig. 383, 1985.

细胞倒卵形或心形，略可变形，前端凹入，不对称，后端钝圆，顶端具 2 条不等长的鞭毛，前端具 2 个伸缩泡，色素体周生，大片状，1 个，黄褐色，细胞核 1 个，位于细胞中央，后端具多个金藻昆布糖及脂肪颗粒。细胞长 12-14µm，长鞭毛为体长的 1-1.5

倍，短鞭毛为体长的 1/3。

　　生境：水坑。

　　国内分布：黑龙江（哈尔滨）。

　　国外分布：未见报道。

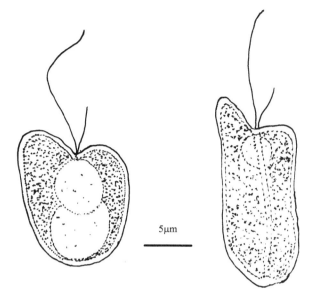

图 35　辉煌棕鞭藻（仿 Skvortzov，1961）

Fig. 35　*Ochromonas nasuta* Skvortzov（after Skvortzov, 1961）

13. 脆棕鞭藻　　图 36

Ochromonas fragilis Doflein, Archiv für Protistenkunde, **46**: 286, pl. 18, fig. 1-49, 1923;
　　Huber-Pestalozzi, Das Phytoplankton des Süßwassers, 2. Teil, 1. Häfte, p. 167, Abb. 223,
　　1941; Starmach, Flora Slodkowodna Polski, Tom 5, Chrysophyta I, p. 42, fig. 29, 1968;
　　Starmach, Süßwasserflora von Mitteleuropa, Band 1, Chrysophyceae und Haptophyceae,
　　p. 179, fig. 349, 1985; 魏印心，山西大学学报（自然科学版），**17**（1）: 60, fig. 2, 3,
　　1994.

Ochromonas obovata Skvortzov, Bulletin of the Herbarium of North-Eastern Forestry
　　Academy（Harbin），**3**: 43, pl. 11, fig. 11, 12, 1961.

　　细胞近倒卵形，明显变形，前端微凹，顶端具 2 条不等长的鞭毛，前端具 1 个伸缩泡，色素体周生，片状，1 个，金黄色，具 1 个大的、球形的金藻昆布糖及许多脂肪颗粒。细胞长 10-20μm，宽 10-18μm，长鞭毛约为体长的 1.5 倍，短鞭毛为体长的 1/2-2/3。

　　生境：湖泊、池塘。

　　国内分布：山西（太原），黑龙江（哈尔滨），安徽（桐城）。

　　国外分布：欧洲（比利时、德国、罗马尼亚、西班牙）。

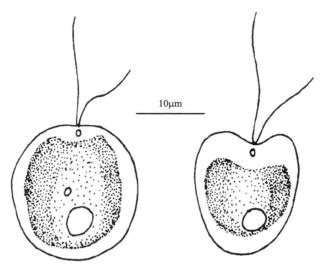

图 36　脆棕鞭藻（自魏印心，1994）

Fig. 36　*Ochromonas fragilis* Doflein（from Wei, 1994）

14. 椭圆棕鞭藻　图 37

Ochromonas ellipsoidea Skvortzov, Bulletin of the Herbarium of North-Eastern Forestry Academy（Harbin），**3**: 43, pl. 11, fig. 13, 1961.

　　细胞椭圆形，略可变形，无色，前后端钝圆，顶端具 2 条不等长的鞭毛，具伸缩泡，色素体周生，片状，1 个，黄褐色，细胞核 1 个，位于细胞中央，后端具多个金藻昆布糖及脂肪颗粒。细胞长 15μm，宽 7μm，长鞭毛为体长的 1-1.5 倍，短鞭毛为体长的 1/3。

　　生境：湖泊。

　　国内分布：黑龙江（哈尔滨）。

　　国外分布：未见报道。

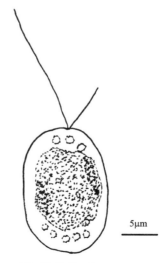

图 37　椭圆棕鞭藻（仿 Skvortzov，1961）

Fig. 37　*Ochromonas ellipsoidea* Skvortzov（after Skvortzov, 1961）

15. 致密棕鞭藻　图 38

Ochromonas compacta Skvortzov, Bulletin of the Herbarium of North-Eastern Forestry Academy (Harbin), **3**: 42, pl. 11, fig. 9, 10, 1961.

　　细胞长圆形或长倒卵形，可变形，前后端钝圆，顶端具 2 条不等长的鞭毛，略侧生，具 1 个伸缩泡，色素体周生，片状，1 个，黄褐色，位于细胞中部，细胞核 1 个，位于细胞中央，后端具多个金藻昆布糖及脂肪颗粒。细胞长 17-18.5μm，宽 8-9μm，长鞭毛为体长的 1-1.3 倍，短鞭毛为体长的 2/3。

　　生境：水沟。

　　国内分布：黑龙江(哈尔滨)。

　　国外分布：未见报道。

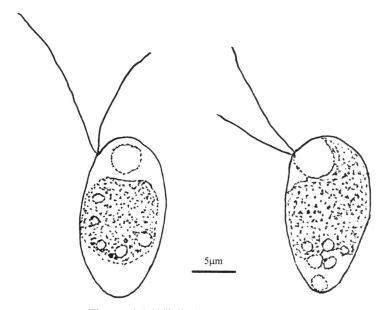

5μm

图 38　致密棕鞭藻(仿 Skvortzov，1961)

Fig. 38　Ochromonas compacta Skvortzov (after Skvortzov, 1961)

16. 亚洲棕鞭藻　图 39

Ochromonas asiatica Skvortzov, Bulletin of the Herbarium of North-Eastern Forestry Academy (Harbin), **3**: 46, pl. 12, fig. 17, 1961.

　　细胞宽卵形，可变形，光滑，无色，顶端狭缩，呈锥状，具 2 条不等长的鞭毛，具 1 个伸缩泡，色素体周生，小片状，3 个，黄褐色，位于细胞中部，细胞核 1 个，位于细胞中央，后端具多个金藻昆布糖及脂肪颗粒。细胞直径 7-9μm，长鞭毛为体长的 1-1.3 倍，短鞭毛为体长的 1/3-1/2。

　　生境：水沟。

　　国内分布：黑龙江(哈尔滨)。

　　国外分布：未见报道。

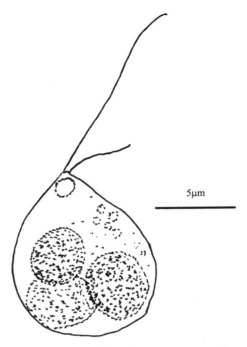

图 39 亚洲棕鞭藻（仿 Skvortzov，1961）

Fig. 39 *Ochromonas asiatica* Skvortzov（after Skvortzov, 1961）

17. 色金藻状棕鞭藻 图 40

Ochromonas chromulinoides Skvortzov, Bulletin of the Herbarium of North-Eastern Forestry Academy（Harbin），**3**: 45, pl. 12, fig. 12-15, 1961.

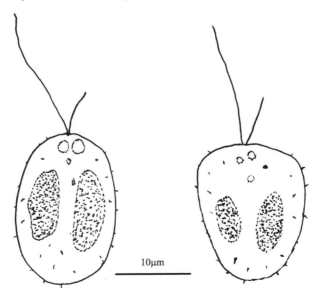

图 40 色金藻状棕鞭藻（仿 Skvortzov，1961）

Fig. 40 *Ochromonas chromulinoides* Skvortzov（after Skvortzov, 1961）

细胞椭圆形或倒卵形，略可变形，无色，表面具小刺突，顶端具 2 条不等长的鞭毛，具 1-2 个伸缩泡，色素体小片状或盘状，2 个，黄褐色，位于细胞中部，细胞核 1 个，位于细胞中央，后端具多个金藻昆布糖及脂肪颗粒。细胞长 18-22μm，宽 12-14μm，长鞭毛约等于体长，短鞭毛为体长的 1/3-1/2。

　　生境：湖泊。

　　国内分布：黑龙江(哈尔滨)。

　　国外分布：未见报道。

18. 长尾棕鞭藻　图 41

Ochromonas longicauda Skvortzov, Bulletin of the Herbarium of North-Eastern Forestry Academy(Harbin)，**3**: 45, pl. 12, fig. 11, 1961.

　　细胞近梨形或纺锤形，略可变形，表面光滑，后端渐尖，呈尖尾状，顶端具 2 条近等长的鞭毛，具伸缩泡，色素体片状或带状，2 个，绿褐色，位于细胞中部，细胞核 1 个，位于细胞中后部。细胞长 20-22μm，宽 10-13μm，鞭毛为体长的 1.2-1.3 倍。

　　生境：水沟。

　　国内分布：黑龙江(哈尔滨)。

　　国外分布：未见报道。

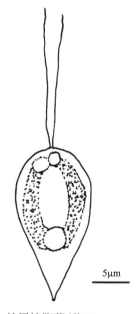

5μm

图 41　长尾棕鞭藻(仿 Skvortzov，1961)

Fig. 41　*Ochromonas longicauda* Skvortzov(after Skvortzov, 1961)

19. 短尾棕鞭藻　图 42

Ochromonas brevicauda Skvortzov, Bulletin of the Herbarium of North-Eastern Forestry Academy(Harbin)，**3**: 45, pl. 12, fig. 9, 10, 1961.

　　细胞倒卵形，略可变形，表面光滑，无色，前端微凹入，后端狭缩，呈钝尾状，顶端具 2 条不等长的鞭毛，具伸缩泡，色素体小盘状，2 个，黄褐色，位于细胞中部，细胞核 1 个，位于细胞中后部，后端具金藻昆布糖及脂肪颗粒。细胞长 15-18.5μm，长鞭毛约等于体长，短鞭毛为体长的 1/3-3/4。

生境：水沟。

国内分布：黑龙江（哈尔滨）。

国外分布：未见报道。

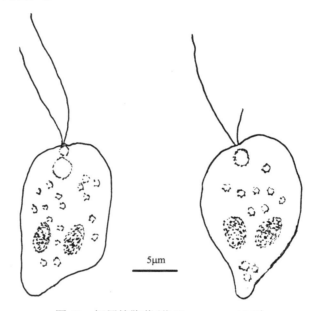

图 42　短尾棕鞭藻（仿 Skvortzov，1961）

Fig. 42　*Ochromonas brevicauda* Skvortzov（after Skvortzov, 1961）

20. 玩赏棕鞭藻　图 43，图版 I: 4

Ochromonas ludibunda Pascher, Monographienund Abhandlungen zur Internationale Revue der gesamten Hydrobiologie und Hydrographie, **1**: 66, 1910; Huber-Pestalozzi, Das Phytoplankton des Süßwassers, 2. Teil, 1. Häfte, p. 173, Abb. 236, 1941; Starmach, Flora Slodkowodna Polski, Tom 5, Chrysophyta I, p. 54, fig. 63, 1968; Starmach, Süßwasserflora von Mitteleuropa, Band 1, Chrysophyceae und Haptophyceae, p. 189, fig. 381, 1985; 施之新等，见：施之新等，西南地区藻类资源考察专集，p. 216, 图版 III, fig. 1-2, 1994; Dillard, Bibliotheca Phycologica, **112**: 23, pl. 4, fig. 6, 2007.

细胞倒卵形，前端广圆，后端狭，顶端具 2 条不等长的鞭毛，前端具 2 个伸缩泡，色素体周生，片状，2 个，位于前部，金黄色，眼点杆状，1 个，位于前端，具 1 个大的或数个小颗粒状金藻昆布糖，具许多脂肪颗粒。细胞长 8-12μm，宽 5-7μm，长鞭毛为体长的 1.5-2 倍，短鞭毛为体长的 1/5-1/2。

生境：水库、池塘、山溪。

国内分布：山西（宁武），湖南（长沙、吉首）。

国外分布：欧洲（比利时、波兰、德国、俄罗斯、捷克、拉脱维亚、罗马尼亚），北美洲(美国)。

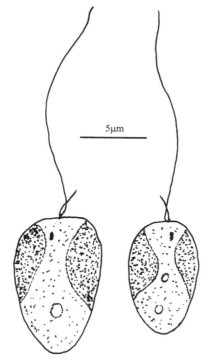

图43 玩赏棕鞭藻(仿施之新等，1994)

Fig. 43 *Ochromonas ludibunda* Pascher(after Shi et al., 1994)

21. 变形棕鞭藻 图44，图版 I: 5

Ochromonas mutabilis Klebs, Zeitschrift für wissenschaftliche Zoologie, **55**: 411, pl. 18, fig.
2, 3, 1892; Huber-Pestalozzi, Das Phytoplankton des Süßwassers, 2. Teil, 1. Häfte, p.
175, Abb. 241, 1941; Starmach, Flora Slodkowodna Polski, Tom 5, Chrysophyta I, p. 53,
fig. 61, 1968; Starmach, Süßwasserflora von Mitteleuropa, Band 1, Chrysophyceae und
Haptophyceae, p. 189, fig. 379, 1985; Dillard, Bibliotheca Phycologica, **112**: 23, pl. 4,
fig. 7, 2007.

细胞球形、椭圆形、卵形，可明显变形，特别是基部可伸长或缩短，前端钝圆，略
凹入，顶端具 2 条不等长的鞭毛，前端具 2 个伸缩泡，色素体周生，片状，2 个，金黄
色，眼点 1 个，点状，具 1 个大的、球形的金藻昆布糖及许多脂肪颗粒。细胞长 15-30μm，
宽 8-22μm，长鞭毛为体长的 1.5-2 倍，短鞭毛为体长的 1/4-1/3。

生境：各种淡水水体。

国内分布：天津，山西(长治、宁武)，浙江(杭州、临安)，江苏(无锡、徐州)，台
湾(台南)。

国外分布：亚洲(日本)，欧洲(比利时、丹麦、德国、罗马尼亚)，北美洲(美国)，
南美洲(巴西)。

22. 心形棕鞭藻　图 45

Ochromonas cordata Skvortzov, Bulletin of the Herbarium of North-Eastern Forestry Academy (Harbin), **3**: 45, pl. 12, fig. 16, 1961.

　　细胞心形，略可变形，表面光滑，无色，前端凹入，后端略狭缩，顶端具 2 条略不等长的鞭毛，具大的眼点和 3 个伸缩泡，色素体小片状或盘状，2 个，黄褐色，位于细胞中部，细胞核 1 个，位于细胞中后部，后端具金藻昆布糖及脂肪小颗粒。细胞长 35-37μm，宽 30μm，鞭毛约为体长的 1/2。

　　生境：湖泊。

　　国内分布：黑龙江(哈尔滨)。

　　国外分布：未见报道。

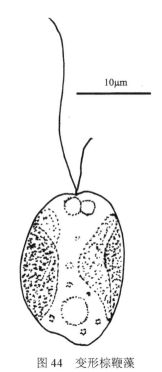

图 44　变形棕鞭藻

Fig. 44　*Ochromonas mutabilis* Klebs

图 45　心形棕鞭藻(仿 Skvortzov，1961)

Fig. 45　*Ochromonas cordata* Skvortzov (after Skvortzov, 1961)

V. 金长柄藻属 **Stipitochrysis** Korshikov

Korshikov, Archiv für Protistenkunde **95**: 22. 1941.

　　细胞裸露，细长，倒卵形、锥形或近球形，后端延伸形成细长针状的可伸缩的柄，通常 1 个，有时 2-3 个，附着在其他藻类表面，前端钝圆，具 2 条不等长的鞭毛，或具一根状伪足及一条鞭毛，有时伪足 2-3 条，鞭毛短小，几乎看不见，运动缓慢，原生质内具 1 个核、2 个伸缩泡及 1-2 个色素体，眼点和蛋白核有或无。

可能通过分裂形成游动孢子，之后游动孢子寻找到一个新的附着点生长。

分布于温度较低的水体中。

本属仅 1 种。中国报道 1 种。

模式种：金长柄藻 *Stipitochrysis monorhiza* Korsikov。

1. 金长柄藻　图版 II: 1-4

Stipitochrysis monorhiza Korsikov, Archiv für Protistenkunde **95**: 22, fig. 13, 1941; Starmach, Flora Slodkowodna Polski, Tom 5, Chrysophyta I, p. 71, fig. 100, 1968; Starmach, Süβwasserflora von Mitteleuropa, Band 1, Chrysophyceae und Haptophyceae, p. 195, fig. 399, 1985; 庞婉婷等, 西北植物学报, **36**(4): 831, fig. 1-4, 2016.

特征同属。细胞长 6-9μm，宽 3-5μm，针状柄长度为细胞的 3 倍。

生境：温度较低的小水体，附着于黄丝藻及鼓藻表面。

国内分布：内蒙古（大兴安岭）。

国外分布：欧洲（波兰、俄罗斯、捷克），大洋洲（新西兰）。

VI. 金片藻属 Sphaleromantis Pascher

Pascher, Monographienund Abhandlungen zur Internationale Revue der gesamten Hydrobiologie und Hydrographie, 1: 26, 1910.

植物体为单细胞，明显侧扁，正面观矩圆形、近球形或卵形，几乎不变形，自由运动。细胞裸露，无细胞壁，表质平滑，前端具 1 条长的茸鞭型鞭毛，具 1-2 个伸缩泡，色素体周生，片状，2 个，通常具有眼点，有时无，光合作用产物为油滴和金藻昆布糖，位于细胞后部。

繁殖方式不详。

多生长在淡水中，生于池塘、湖泊和沼泽中，不少见，少数生长在半咸水中。

本属有 6 种。中国报道 1 种。

模式种：*Sphaleromantis ochracea*(Ehrenberg)Pascher。

1. 胭脂金片藻　图 46

Sphaleromantis asiaticus Skvortzov, Bulletin of the Herbarium of North-Eastern Forestry Academy(Harbin), **3**: 25, pl. 7, fig. 8-10, 1961.

细胞侧扁，正面观卵形或近球形，侧面观长圆形，顶端具 1 条鞭毛，约等于体长，从细胞前端中央伸出，前端具 2 个伸缩泡，色素体周生，片状，2 个，黄褐色，无眼点。细胞长 15-18μm。

生境：水池。

国内分布：黑龙江（哈尔滨）。

国外分布：未见报道。

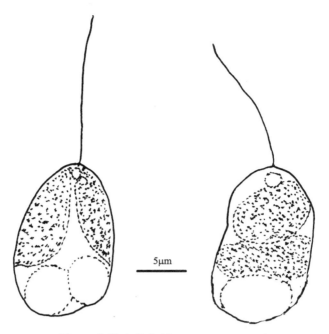

图 46　胭脂金片藻（仿 Skvortzov，1961）

Fig. 46　*Sphaleromantis asiaticus* Skvortzov（after Skvortzov, 1961）

VII. 拟黄群藻属 Synuropsis Schiller

Schiller, Archiv für Protistenkunde, **66**: 443, 1929.

植物体为群体，由 8-80 个细胞组成，呈球形或卵形，可自由游动。细胞呈梨形，表质光滑，无棘突，由后端尾部的胶质柄在群体中央连接，无胶被包裹，细胞具 2 根鞭毛，从细胞顶部伸出，长鞭毛长于体长，短鞭毛与细胞等长，伸缩泡 2 个，色素体 1-2 个，片状，黄褐色，无眼点。

以细胞分裂和群体分裂方式繁殖。

分布较少，偶见。

本属有 4 种。中国报道 1 种。

模式种：多瑙河拟黄群藻 *Synuropsis danubiensis* Schiller。

1. 多瑙河拟黄群藻　图 47

Synuropsis danubiensis Schiller, Archiv für Protistenkunde, **66**: 443, fig. 7-9, 1929; Huber-Pestalozzi, Das Phytoplankton des Süßwassers, 2. Teil, 1. Häfte, p. 191, Abb. 255, 1941; 冯佳，谢树莲，植物研究，**30**(6)：652, 2010.

Synura danubiensis（Schiller）Starmach, Flora Slodkowodna Polski, Tom 5, Chrysophyta I, p. 320, fig. 596, 1968.

群体球形，细胞排列松散，梨形，前端圆形，后端渐尖并延伸呈线形的长刺，色素体 2 个，片状，侧生，具 2 条不等长鞭毛。群体直径约 50μm，细胞长 18-28μm，宽 8-9μm，长鞭毛为体长的 1.5-2 倍，短鞭毛为体长的 1/2-2/3。

生境：沼泽、水塘。

国内分布：山西(太原)，四川(九寨沟、若尔盖)，江苏(无锡、徐州)。

国外分布：欧洲(奥地利)。

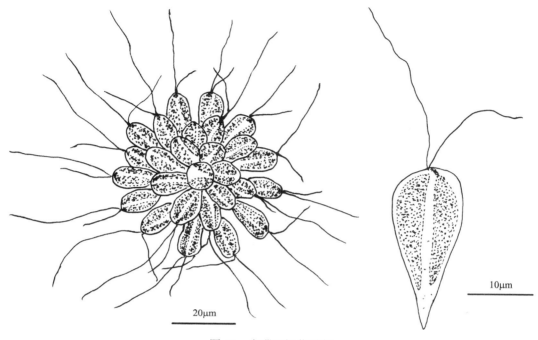

图 47 多瑙河拟黄群藻

Fig. 47 *Synuropsis danubiensis* Schiller

VIII. 黄团藻属 Uroglena Ehrenberg

Ehrenberg, Abhandlungen der Königlichen Akademie der Wissenschaften zu Berlin 1833, p. 317, 1834.

植物体为具胶被的球形或椭圆形群体，直径可达 3mm，细胞沿胶被的边缘呈辐射状排列，群体细胞后端的胶柄连接在从群体中心呈分叉放射状伸出的胶质丝上。细胞球形、卵形或椭圆形，前端具 2 条不等长的鞭毛向群体外伸出，长鞭毛长于体长，短鞭毛约为长鞭毛的 1/4 或 1/2 长，具 1-3 个伸缩泡，色素体周生，片状，1 个或 2 个，黄褐色，眼点通常 1 个，具数个液泡，细胞核 1 个，位于细胞的中央。

营养繁殖为群体分裂成子群体，细胞纵分裂使群体增大。也可形成静孢子、孢囊。也有休眠细胞萌发产生 4 个或 8 个动孢子，动孢子分裂并形成 1 个新群体。

绝大多数生长在湖泊和池塘等淡水水体中，广泛分布。

本属有 11 种。中国报道 1 种。

模式种：旋转黄团藻 *Uroglena volvox* Ehrenberg。

1. 旋转黄团藻　图 48

Uroglena volvox Ehrenberg, Abhandlungen der Königlichen Akademie der Wissenschaften zu Berlin 1833, p. 317, 1834; Calkins, Annual Reports of the State Board of Health of Massachusetts, **23**: 647, pl. I-IV, 1892; Huber-Pestalozzi, Das Phytoplankton des Süßwassers, 2. Teil, 1. Häfte, p. 181, Abb. 245A, 1941; Starmach, Flora Slodkowodna Polski, Tom 5, Chrysophyta I, p. 86, fig. 122, 1968; Starmach, Süßwasserflora von Mitteleuropa, Band 1, Chrysophyceae und Haptophyceae, p. 209, fig. 425, 1985; Dillard, Bibliotheca Phycologica, **112**: 24, pl. 4, fig. 13, 2007; Kristiansen, in John et al., The Freshwater Algal Flora of the British Isles, p. 305, pl. 79, fig. B, 2011; Pang et al., Nova Hedwigia, 148: 49, fig. 7, 2019.

群体球形或椭圆形，细胞沿胶被边缘呈辐射状排列，细胞倒卵形，其后端的胶柄附于从群体中心呈双叉辐射状伸出的胶质丝上，细胞前端具 2 条不等长的鞭毛，其基部具 2 个伸缩泡，色素体周生，片状，1 个，黄褐色，眼点 1 个，长形，具数个液泡，细胞核 1 个，位于细胞的中央。群体直径 40-400μm，细胞长 10-20μm，宽 8-13μm，长鞭毛约为体长的 2 倍，短鞭毛约为体长的 1/3。

营养繁殖为群体分裂成子群体，细胞纵分裂使群体增大。静孢子球形，其前端具一短领，直径 6-12μm。

生境：沼泽。

国内分布：内蒙古（大兴安岭），黑龙江（哈尔滨），台湾（台北）。

国外分布：亚洲（日本），欧洲（德国、罗马尼亚、挪威、瑞典、西班牙、英国），北美洲（加拿大、美国），大洋洲（澳大利亚、新西兰）。

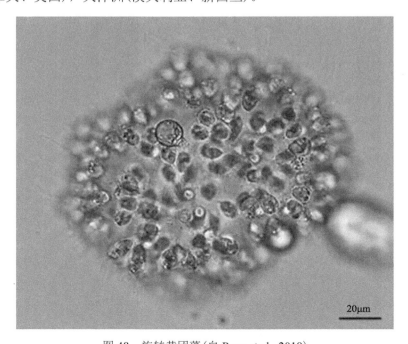

图 48　旋转黄团藻（自 Pang et al., 2019）

Fig. 48　*Uroglena volvox* Ehrenberg（from Pang et al., 2019）

IX. 拟黄团藻属 Uroglenopsis Lemmermann

Lemmermann, Forschungsberichte aus der Biologischen Station zu Plön, **7**: 107, 1899.

  植物体为具胶被的球形或椭圆形群体，细胞沿胶被的边缘呈辐射状排列，群体细胞后端的胶柄不与从群体中心呈分叉放射状伸出的胶质丝连接。细胞球形、卵形或椭圆形，细胞前端具 2 条不等长的鞭毛向群体外伸出，长鞭毛长于体长，短鞭毛约为长鞭毛的1/4 或 1/2 长，具 1-3 个伸缩泡，色素体周生，片状，1-2 个，黄褐色，眼点通常 1 个，具数个液泡，细胞核 1 个，位于细胞的中央。

  营养繁殖为群体分裂成子群体，细胞纵分裂使群体增大。也可形成静孢子、孢囊。也有休眠细胞萌发产生 4 个或 8 个动孢子，动孢子分裂并形成 1 个新群体。

  绝大多数生长在湖泊和池塘等淡水水体中，广泛分布。

  以静孢子和孢囊的形态构造作为分种的主要特征之一。

  本属有 8 种。中国报道 2 种。

  模式种：美洲拟黄团藻 *Uroglenopsis americana* (Calkins) Lemmermann。

拟黄团藻属分种检索表

1. 细胞椭圆形或倒卵形 ·· **1. 美洲拟黄团藻 *U. americana***
1. 细胞球形或近球形 ·· **2. 钝圆拟黄团藻 *U. rotundata***

1. 美洲拟黄团藻　图版 II: 5

Uroglenopsis americana (Calkins) Lemmermann, Forschungsberichte aus der Biologischen Station zu Plön, **7**: 107, pl. I, II, 1899a; Lemmermann, Berichte der Deutsche Botanischen Gesellschaft, **19**: 85, 1901; Dillard, Bibliotheca Phycologica, **112**: 25, pl. 4, fig. 14, 2007; Kristiansen, in John et al., The Freshwater Algal Flora of the British Isles, p. 305, pl. 72, fig. J, 2011.

Uroglena americana Calkins, Annual Reports of the State Board of Health of Massachusetts, **23**: 655, pl. IV, fig. 1-4, 1892.

  群体球形或椭圆形，细胞沿胶被的边缘呈辐射状排列，细胞椭圆形或倒卵形，表质具细颗粒，细胞前端具 2 条不等长的鞭毛，其基部具 1-2 个伸缩泡，色素体周生，片状或盘状，1 个，黄褐色，眼点 1 个，长形，位于细胞的前端，细胞核 1 个，位于细胞的中央。群体直径 150-300μm，细胞长 5-12μm，宽 3-7μm，长鞭毛为体长的 2-4 倍，短鞭毛为体长的 1/6-1/3。

  营养繁殖为群体分裂成子群体，细胞纵分裂使群体增大。

  生境：湖泊、池塘，特别是贫营养水体。

  国内分布：山西(晋城、宁武、朔州)，黑龙江(方正、哈尔滨)。

  国外分布：亚洲(日本)，欧洲(德国、挪威、乌克兰、西班牙、英国)，北美洲(加拿大、美国)。

2. 钝圆拟黄团藻　图 49

Uroglenopsis rotundata Skvortzov, Bulletin of the Herbarium of North-Eastern Forestry
　　Academy（Harbin）, **3**: 46, pl. 13, fig. 1-4, 1961.

　　群体球形，由 16 个细胞沿胶被的边缘呈辐射状排列，细胞球形或近球形，细胞前
端具 2 条不等长的鞭毛，色素体周生，片状，1 个，黄绿色。群体直径 18-20μm，细胞
直径 5-6μm，长鞭毛约为体长的 2 倍。

　　生境：水池。

　　国内分布：黑龙江（哈尔滨）。

　　国外分布：未见报道。

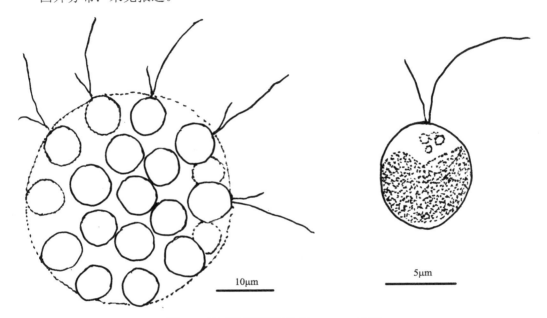

图 49　钝圆拟黄团藻（仿 Skvortzov, 1961）
Fig. 49　*Uroglenopsis rotundata* Skvortzov（after Skvortzov, 1961）

（二）金变形藻科
CHRYSAMOEBACEAE

　　植物体为单细胞或不定形群体，营养方式为自养或异养，生活史中大部分时期为变
形虫状，具伪足，进行变形虫状运动，鞭毛完全退化或暂时有鞭毛，色素体有或无，细
胞核 1 个，同化产物为金藻多糖。

　　繁殖方式为细胞分裂或群体断裂繁殖。无性生殖产生动孢子，有的产生静孢子。

　　本科有 10 属。中国报道 2 属。

　　模式属：金变形藻属 *Chrysamoeba* Klebs。

金变形藻科分属检索表

1. 单细胞或暂时性不定形群体 ································· 金变形藻属 *Chrysamoeba*
1. 多个细胞的细胞质连丝彼此连成线状群体 ··············· 金星藻属 *Chrysidiastrum*

Ⅰ. 金变形藻属 **Chrysamoeba** Klebs

Klebs, Zeitschrift für Wissenschaftliche Zoologie, 55: 406, 1893.

植物体为单细胞或暂时性不定形群体，生活史中大部分时期为变形虫状，具许多不规则放射状在同一面上排列的尖而短的伪足。从变形虫状时期转变到鞭毛时期，伪足收缩，原生质体变成卵形，伸出 1 条可见的鞭毛，约与细胞等长，这一时期较短，随后又产生伪足，鞭毛消失，又回到变形虫状时期。细胞裸露，原生质体具 1-8 个伸缩泡，色素体片状，1-2 个，金褐色，无眼点，细胞核 1 个，金藻多糖大颗粒状。

生活方式为自养或异养。

变形虫状时期进行细胞分裂产生新个体或产生静孢子。孢囊球形，具短领。

生长在池塘、湖泊中，也有海洋种类。

本属有 6 种。中国报道 1 种。

模式种：辐射金变形藻 *Chrysamoeba radians* Klebs。

1. 辐射金变形藻 图版 Ⅲ: 1

Chrysamoeba radians Klebs, Zeitschrift für Wissenschaftliche Zoologie, **55**: 407, pl. 18, fig. 1, 1893; Huber-Pestalozzi, Das Phytoplankton des Süßwassers, 2. Teil, 1. Häfte, p. 53, Abb. 64, 65, 1941; Starmach, Flora Slodkowodna Polski, Tom 5, Chrysophyta I, p. 454, fig. 873, 1968; Starmach, Süßwasserflora von Mitteleuropa, Band 1, Chrysophyceae und Haptophyceae, p. 142, fig. 279, 281, 1985; Dillard, Bibliotheca Phycologica, **112**: 20, pl. 4, fig. 3, 2007; Kristiansen et Preisig, in John et al., The Freshwater Algal Flora of the British Isles, p. 283, pl. 78, fig. Q, 2011; Pang et al., Nova Hedwigia, 148: 49, fig. 3, 2019.

单细胞，有时由数个细胞组成疏松的群体，生活史中大部分时期为变形虫状，细胞球形，裸露，具许多长短不等的、不规则放射状排列的、尖细的伪足，不分叉或极少数分叉，细胞核 1 个，色素体片状，1-2 个，黄褐色，具 1 个蛋白核，无眼点，具 1 个大的球形的金藻多糖，很少能见到细胞具 1 条鞭毛的时期，从变形虫状时期转变到鞭毛时期，伪足收缩，变成卵形，顶端产生 1 条约与细胞等长的鞭毛，其基部具 2-3 个伸缩泡，1 个大的液泡。细胞长 12-15μm，宽 8-19μm。

变形虫状时期进行细胞分裂产生新个体，或产生静孢子。

生境：沼泽、泉水。

国内分布：山西(长治、晋城、平定)，内蒙古(大兴安岭)，江苏(无锡)。

国外分布：亚洲(新加坡、伊拉克)，欧洲(德国、罗马尼亚、英国)，北美洲(加拿大、美国)，南美洲(阿根廷)，大洋洲(新西兰)。

II. 金星藻属 **Chrysidiastrum** Lauterborn

Lauterborn, in Pascher, Die Süsswasserflora Deutschlands, Öesterreichs und Schweiz, vol. 2, p. 91, 1913.

植物体为线状或分枝的群体，由 2-24 个细胞组成，由细胞质连丝彼此连接而成，自由游动。细胞近球形，裸露，无鞭毛，具细长而渐尖的放射状排列的伪足，色素体周生，盘状或片状，1 个，黄褐色，具眼点或无。

以细胞分裂进行繁殖。孢囊球形。

在池塘中常见。

本属有 2 种。中国报道 1 种。

模式种：链状金星藻 *Chrysidiastrum catenatum* Lauterborn。

1. 链状金星藻　图版 III: 2

Chrysidiastrum catenatum Lauterborn, in Pascher, Die Süsswasserflora Deutschlands, Öesterreichs und Schweiz, vol. 2, p. 91, fig. 144, 1913; Huber-Pestalozzi, Das Phytoplankton des Süßwassers, 2. Teil, 1. Häfte, p. 246, Abb. 335, 1941; Starmach, Flora Slodkowodna Polski, Tom 5, Chrysophyta I, p. 423, fig. 814, 1968; Starmach, Süßwasserflora von Mitteleuropa, Band 1, Chrysophyceae und Haptophyceae, p. 392, fig. 811, 1985; Dillard, Bibliotheca Phycologica, 112: 7, pl. 1, fig. 6, 2007; Kristiansen et Preisig, in John et al., The Freshwater Algal Flora of the British Isles, p. 285, pl. 78, fig. R, 2011.

植物体为线状群体，由超过 10 个细胞组成，由细胞质连丝彼此连接而成，细胞近球形，裸露，具细长而渐尖的放射状排列的伪足，色素体周生，大盘状或片状，1 个，黄褐色，无眼点。细胞直径(不包括伪足)12-21μm，包括伪足 45-60μm。

生境：湖泊。

国内分布：山西(宁武)，河南(新乡)。

国外分布：欧洲(德国、芬兰、罗马尼亚、英国)，北美洲(加拿大、美国)，大洋洲(澳大利亚)。

(三)金囊藻科
CHRYSOCAPSACEAE

植物体为球形、椭圆形或圆盘形胶群体，有明显的胶质包被，浮游或着生。细胞球形、卵形、椭圆形或近长方形，色素体周生，片状或盘状，1-2 个，黄褐色，同化产物为油滴和金藻昆布糖。

细胞分裂可以在群体任何部位发生。群体中的营养细胞可直接变成具 1 条或 2 条等长或不等长鞭毛的动孢子。

本科有约 20 属。中国报道 1 属。

模式属：金囊藻属 *Chrysocapsa* Pascher。

I. 金囊藻属 **Chrysocapsa** Pascher

Pascher, Die Süsswasserflora Deutschlands, Öesterreichs und der Schweiz, vol. 2, p. 85, 1913.

植物体为不定形胶群体，球形至椭圆形，群体细胞规则或不规则分散排列在厚的、透明而均匀的胶被中，浮游。细胞裸露，椭圆形，无鞭毛或伪足，色素体周生，片状或盘状，1-2 个，黄褐色，无眼点或有时具 1 个眼点，具 1 至多个伸缩泡，同化产物为油滴和金藻昆布糖。

细胞分裂可以在群体任何部位发生。有些种类形成具 1 条鞭毛的动孢子。

生长在淡水中，很少见。

本属有 10 种。中国报道 2 种。

模式种：浮游金囊藻 *Chrysocapsa planktonica* Pascher。

金囊藻属分种检索表

1. 细胞直径不超过 4μm ···**1. 浮游金囊藻 *C. planktonica***
1. 细胞直径不小于 4μm ···**2. 眼目金囊藻 *C. oculata***

1. 浮游金囊藻　图 50

Chrysocapsa planktonica Pascher, Die Süsswasserflora Deutschlands, Öesterreichs und der Schweiz, vol. 2, p. 86, 1913; Huber-Pestalozzi, Das Phytoplankton des Süßwassers, 2. Teil, 1. Häfte, p. 252, Abb. 338, 1941; Starmach, Flora Slodkowodna Polski, Tom 5, Chrysophyta I, p. 466, fig. 885, 1968; Starmach, Süßwasserflora von Mitteleuropa, Band 1, Chrysophyceae und Haptophyceae, p. 124, fig. 252, 1985; Dillard, Bibliotheca Phycologica, **112**: 19, pl. 3, fig. 14, 2007; Kristiansen et Preisig, in John et al., The Freshwater Algal Flora of the British Isles, p. 285, 2011.

Chrysocapsa pascheri Fritsch, in West et Fritsch, A Treatise on the British Freshwater Algae, p. 331, 1927.

不定形胶群体呈球形、近球形或椭圆形，浮游，细胞球形，多排列在群体胶被四周，色素体周生，片状，1 个，黄褐色，具 1 个伸缩泡，同化产物为油滴和颗粒状金藻昆布糖。群体直径 20-25μm，细胞直径 2-4μm。

营养繁殖为细胞分裂，可以在群体任何细胞发生。无性生殖形成具 1 条长而细的鞭毛的动孢子，球形。

生境：泉水。

国内分布：山西(长治、洪洞、朔州、太原)。

国外分布：亚洲(日本)，欧洲(德国、捷克、英国)，北美洲(美国)。

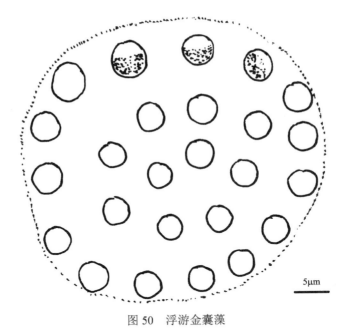

图 50　浮游金囊藻

Fig. 50　*Chrysocapsa planktonica* Pascher

2. 眼目金囊藻　图 51

Chrysocapsa oculata Skvortzov, Bulletin of the Herbarium of North-Eastern Forestry
　　Academy (Harbin), **3**: 51, pl. 15, fig. 6, 1961.

　　不定形胶群体呈椭圆形或球形，浮游，细胞球形，多排列在群体胶被四周，色素体周生，片状，1个，黄褐色，具1个大的伸缩泡，同化产物为油滴和颗粒状金藻昆布糖。细胞直径4-5μm。

　　生境：水池。

　　国内分布：黑龙江(哈尔滨)。

　　国外分布：未见报道。

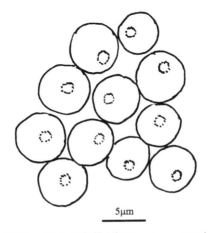

图 51　眼目金囊藻(仿 Skvortzov, 1961)

Fig. 51　*Chrysocapsa oculata* Skvortzov (after Skvortzov, 1961)

(四)金叶藻科
CHRYSOTHALLACEAE

　　植物体呈盘状或片状,不具明显的胶被,附着于基质上。细胞圆形至近长方形,有规律地排列成一层,由于相互挤压而具角,细胞壁厚,细胞间无胶质,色素体周生,片状,1-2 个,黄褐色,伸缩泡位于细胞的基部,蛋白核 1 个,同化产物为油滴和颗粒状金藻昆布糖。

　　群体由细胞分裂而增加群体的大小,细胞分裂可产生单鞭毛的动孢子。

　　本科有 3 属。中国报道 1 属。

　　模式属:金叶藻属 *Chrysothallus* Mey。

Ⅰ. 褐片藻属 **Phaeoplaca** Chodat

Chodat, in Chodat et al., Bulletin de la Société Botanique de Genève, série II, **17**: 210, 1926.

　　植物体假薄壁组织状,呈盘状或片状,不具明显的胶被,附着于基质上。细胞圆形至近长方形,有规律地排列成一层,由于相互挤压而具角,细胞壁厚,细胞间无胶质,伸缩泡可多达 6 个,色素体周生,片状,1-2 个,黄褐色,蛋白核 1 个,同化产物为油滴和颗粒状金藻昆布糖。

　　群体由细胞 2 个面的分裂而增加群体大小。细胞分裂产生具 1 条鞭毛的动孢子,进而形成能变形的无鞭毛的静孢子。

　　本属目前仅含 1 种。中国报道 1 种。

　　模式种:叶状褐片藻 *Phaeoplaca thallosa* Chodat。

1. 叶状褐片藻　图 52

Phaeoplaca thallosa Chodat, in Chodat et al., Bulletin de la Société Botanique de Genève, série II, **17**: 211, fig. 16, 1926; Starmach, Flora Slodkowodna Polski, Tom 5, Chrysophyta I, p. 509, fig. 931, 1968; Starmach, Süβwasserflora von Mitteleuropa, Band 1, Chrysophyceae und Haptophyceae, p. 422, fig. 891, 1985; Dillard, Bibliotheca Phycologica, **112**: 5, pl. 1, fig. 1, 2007.

　　特征同属。细胞长 7-10μm,宽 6-10μm。

　　生境:附着在轮藻表面。

　　国内分布:河南(修武)。

　　国外分布:欧洲(奥地利、波兰、德国、俄罗斯、罗马尼亚、瑞士、斯洛伐克、西班牙),北美洲(美国)。

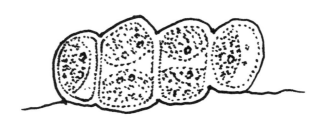

10μm

图 52 叶状褐片藻

Fig. 52 *Phaeoplaca thallosa* Chodat

(五)锥囊藻科
DINOBRYACEAE

单细胞或群体,细胞外具囊壳,柔软,囊壳球形、卵形、圆柱状锥形,囊壳壁平滑或具花纹,无色透明或由于铁的沉积而呈褐色,鞭毛 1 条或 2 条,不等长,具 1 至数个伸缩泡,色素体周生,片状,1 个或 2 个,黄褐色,具 1 个眼点,细胞核明显,1 个,同化产物为金藻昆布糖和油滴,颗粒状。

无性生殖为囊壳内的原生质体分裂形成新个体。

主要生长在淡水或微含盐的水体中,在湖泊和池塘中浮游或着生。

本科报道过约 30 属。中国报道 9 属,其中金粒藻属 *Chrysococcus* 和杯棕鞭藻属 *Poterioochromonas* 已另卷描述(魏印心,2018)。

模式属:锥囊藻属 *Dinobryon* Ehrenberg。

锥囊藻科分属检索表

Ⅰ. 锥囊藻属（钟罩藻属）**Dinobryon** Ehrenberg

Ehrenberg, Abhandlungen der Königlichen Akademie der Wissenschaften zu Berlin, p. 279, 1834.

植物体多为树状或丛状群体，浮游或着生，少有单细胞的。细胞具圆锥形、钟形或圆柱形囊壳，前端呈圆形或喇叭状开口，后端锥形，透明或黄褐色，表面平滑或具波纹。原生质体纺锤形、卵形或圆锥形，基部以短柄附着于囊壳的底部，前端具 2 条不等长的鞭毛，长的 1 条从囊壳开口处伸出，短的 1 条在囊壳开口内，伸缩泡 1 至多个，眼点 1 个，色素体周生，片状，1-2 个，具眼点，光合作用产物为金藻昆布糖，常为 1 个大的球状体，位于细胞的后端。

繁殖为细胞纵分裂，也常形成休眠孢子。孢囊位于囊壳顶端。有性生殖在单细胞的种类中为同配，营养细胞形成大的配子，在群体的种类中，是由一个群体产生雄配子，游动到另一个群体产生的雌配子处受精。

本属是湖泊、池塘中常见的浮游藻类之一，一般生长在清洁、贫营养的水体中。

本属有 30 多种。中国报道 13 种 4 变种。李良庆(Li, 1932)曾记载 *Dinobryon tabelleriae* 在北京有分布，但无特征描述和绘图，故本志未收录。

模式种：密集锥囊藻 *Dinobryon sertularia* Ehrenberg。

锥囊藻属分种检索表

1. 椭圆锥囊藻　图 53

Dinobryon ellipticum Skvortzov, Bulletin of the Herbarium of North-Eastern Forestry
　　Academy（Harbin），**3**: 47, pl. 13, fig. 8, 9, 1961.

　　细胞单个，不成群体，固着于基质上，囊壳宽椭圆形，无色，前端收缢，后端急尖
呈小刺状，原生质体呈卵形。囊壳长 18μm，宽 8μm。

　　生境：水池，着生于丝状藻体上。

　　国内分布：黑龙江(哈尔滨)。

　　国外分布：未见报道。

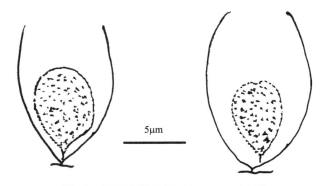

图 53　椭圆锥囊藻（仿 Skvortzov, 1961）

Fig. 53　*Dinobryon ellipticum* Skvortzov（after Skvortzov, 1961）

2. 管状锥囊藻　图 54

Dinobryon tubiferum Skvortzov, Bulletin of the Herbarium of North-Eastern Forestry
　　Academy（Harbin），**3**: 48, pl. 13, fig. 10, 11, 1961.

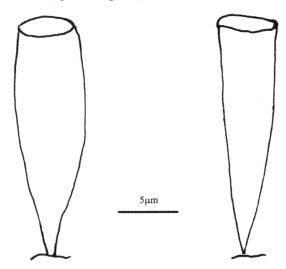

图 54　管状锥囊藻（仿 Skvortzov, 1961）

Fig. 54　*Dinobryon tubiferum* Skvortzov（after Skvortzov, 1961）

细胞单个，不成群体，固着于基质上，囊壳长锥形或近纺锤形，浅棕色，前端不收缢或略收缢，后端渐尖呈刺状。囊壳长 26-28μm，宽 5-6μm。

生境：水池，着生于丝状藻体上。

国内分布：黑龙江(哈尔滨)。

国外分布：未见报道。

3. 螺旋锥囊藻 图 55，图版 III: 3

Dinobryon spirale Iwanoff, Bulletin de l'Académie Impériale des Sciences de Saint Pétersbourg, series 5 **11**: 261, fig. 32, 33, 1899; Pascher, Süsswasserflora Dcutschlands, Österreich und der Schweizland, vol. 2, p. 68, fig. 108, 1913; Huber-Pestalozzi, Das Phytoplankton des Süßwassers, 2. Teil, 1. Häfte, p. 215, Abb. 286, 1941; Starmach, Flora Slodkowodna Polski, Tom 5, Chrysophyta I, p. 165, fig. 271, 1968; Starmach, Süßwasserflora von Mitteleuropa, Band 1, Chrysophyceae und Haptophyceae, p. 229, fig. 459, 1985; 施之新等，见：施之新等，西南地区藻类资源考察专集，p. 216, pl. 3, fig. 5, 6, 1994.

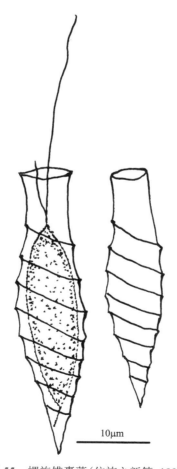

10μm

图 55　螺旋锥囊藻(仿施之新等, 1994)

Fig. 55　*Dinobryon spirale* Iwanoff(after Shi et al., 1994)

细胞单个，不成群体，自由游动，囊壳狭纺锤形，前端略收缢，具一漏斗状开展的短领，领口平直，后端渐尖呈刺状，囊壳表面具自左上向右下旋转的加厚纹，且形成 8 个左右的波形弯曲，原生质体与囊壳一样呈狭纺锤形。囊壳长 35-40μm，宽 6-10μm。

生境：水库。

国内分布：山西(长治)，湖南(吉首)。

国外分布：欧洲(奥地利、波兰、俄罗斯、德国、荷兰、捷克、瑞士)。

4. 长领锥囊藻　图 56

Dinobryon longicolle Skvortzov, Bulletin of the Herbarium of North-Eastern Forestry Academy (Harbin), **3**: 48, pl. 13, fig. 12, 1961.

细胞单个，不成群体，自由游动，囊壳长缶形，无色，前端收缢，领口展开，后端渐尖呈刺状。囊壳长 27-29μm，宽 4-5μm。

生境：水池，着生于丝状藻体上。

国内分布：黑龙江(哈尔滨)。

国外分布：未见报道。

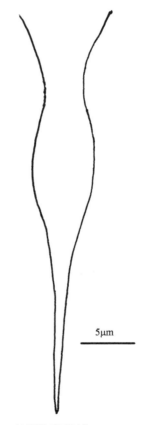

5μm

图 56　长领锥囊藻(仿 Skvortzov, 1961)

Fig. 56　*Dinobryon longicolle* Skvortzov (after Skvortzov, 1961)

5. 圆筒形锥囊藻

Dinobryon cylindricum Imhof, Jahresbericht der Naturforschenden Gesellschaft Graubündens
30: 136, 1887; Lemmermann, Berichte der Deutschen Botanischen Gesellschaft, **18**: 516,
Taf. XIX, fig. 1-5, 1900; Pascher, Süsswasserflora Dcutschlands, Österreich und der
Schweizland, vol. 2, p. 69, fig. 108, 1913; Huber-Pestalozzi, Das Phytoplankton des
Süßwassers, 2. Teil, 1. Häfte, p. 223, Abb. 292, 1941; 饶钦止, 水生生物学集刊, **1**: 74,
1962; Starmach, Flora Slodkowodna Polski, Tom 5, Chrysophyta I, p. 168, fig. 278,
1968; Kristiansen et Walne, British Phycological Journal, **12**: 329, fig. 1-18, 1977;
Sandgren, Journal of Phycology, **17**: 199, fig. 1: A-G, 1981; Starmach, Süßwasserflora
von Mitteleuropa, Band 1, Chrysophyceae und Haptophyceae, p. 231, fig. 470, 1985;
Owen et al., Journal of Phycology, **26**: 131, fig. 1-42, 1990; Dillard, Bibliotheca
Phycologica, **112**: 29, pl. 5, fig. 12, 2007; Kristiansen et Preisig, in John et al., The
Freshwater Algal Flora of the British Isles, p. 291, pl. 75, fig. P, 2011.

a. 原变种 图 57，图版 III: 4
var. **cylindricum**

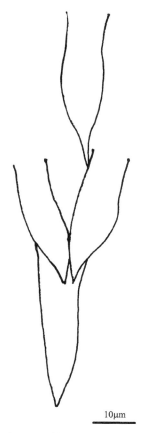

10μm

图 57 圆筒形锥囊藻原变种

Fig. 57 *Dinobryon cylindricum* Imhof var. *cylindricum*

群体疏松丛状，细胞密集排列，囊壳狭长瓶形，前端开口处扩大呈喇叭状，中间近平行呈长圆筒形，后部渐尖呈锥状，不规则或不对称，多少向一侧弯曲成一定角度。囊壳长30-77μm，宽8.5-12.5μm。

生境：湖泊、水库、水坑。

国内分布：湖南（麻阳），云南（澜沧江、路南），贵州（印江），江苏（无锡），福建，台湾（台北）。

国外分布：亚洲（孟加拉国、日本、伊拉克、以色列、印度），欧洲（波兰、丹麦、德国、俄罗斯、法国、芬兰、荷兰、罗马尼亚、挪威、瑞典、斯洛伐克、土耳其、英国），北美洲（加拿大、美国），南美洲（阿根廷、巴西），大洋洲（澳大利亚、新西兰）。

b. 沼泽变种　图 58

var. **palustre** Lemmermann, Berichte der Deutsche Botanischen Gesellschaft, **18**: 306, 1900; Huber-Pestalozzi, Das Phytoplankton des Süßwassers, 2. Teil, 1. Häfte, p. 224, Abb. 294, 1941; Starmach, Flora Slodkowodna Polski, Tom 5, Chrysophyta I, p. 170, fig. 278, 1968; Starmach, Chrysophyceae, p. 332, fig. 458, 1980; Starmach, Chrysophyceae und Haptophyceae, p. 233, fig. 472, 1985; Kristiansen et Preisig, in John et al., The Freshwater Algal Flora of the British Isles, p. 292, pl. 76, fig. A, 2011; Pang et al., Nova Hedwigia, 148: 50, fig. 9, 2019.

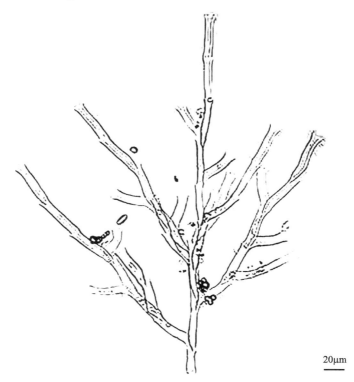

20μm

图 58　圆筒形锥囊藻沼泽变种（自 Pang et al., 2019）

Fig. 58 *Dinobryon cylindricum* var. *palustre* Lemmermann（from Pang et al., 2019）

与原变种的主要区别在于群体更分散，囊壳更狭长。囊壳长 42-50μm，宽 5-10μm。

生境：水池。

国内分布：内蒙古（大兴安岭）。

国外分布：亚洲（孟加拉国），欧洲（波兰、德国、俄罗斯、法国、罗马尼亚、瑞典、斯洛文尼亚、乌克兰、英国），南美洲（阿根廷），大洋洲（新西兰）。

6. 分歧锥囊藻（歧散钟罩藻）

Dinobryon divergens Imhof, Jahresbericht der Naturforschenden Gesellschaft Graubündens, **30**: 134, 1887; Pascher, Süsswasserflora Dcutschlands, Österreich und der Schweizland, vol. 2, p. 79, fig. 125, 1913; Huber-Pestalozzi, Das Phytoplankton des Süßwassers, 2. Teil, 1. Häfte, p. 227, Abb. 302, 1941; Skvortzov, Bulletin of the Herbarium of North-Eastern Forestry Academy (Harbin), **3**: 49, pl. 14, fig. 7, 8, 1961; Starmach, Flora Slodkowodna Polski, Tom 5, Chrysophyta I, p. 171, fig. 286, 1968; Herth, Protoplasma, **100**: 345, 1979; Starmach, Süßwasserflora von Mitteleuropa, Band 1, Chrysophyceae und Haptophyceae, p. 237, fig. 482, 1985; Yamagishi, Plankton Algae in Taiwan (Formosa), p. 20, pl. 6, fig. 6, 1992; Dillard, Bibliotheca Phycologica, **112**: 30, pl. 6, fig. 1, 2007; Kristiansen et Preisig, in John et al., The Freshwater Algal Flora of the British Isles, p. 292, pl. 76, fig. B, 2011; Pang et al., Nova Hedwigia, 148: 49, fig. 11, 2019.

D. cylindricum var. *divergens* (Iwanoff) Lemmermann, Berichte der Deutschen Botanischen Gesellschaft, **18**: 517, Taf. XIX, fig. 15-20, 1900.

a. 原变种　图 59，图版 IV: 1
var. divergens

群体为分枝较多的树状或丛状，细胞密集排列，囊壳为柱状圆锥形，前端开口处略扩大，中部近平行呈圆柱形，中部的侧壁略凹入呈不规则的波状，后半部呈锥形，末端渐尖呈锥状刺。囊壳长 28-65μm，宽 8-11μm。

生境：各种淡水水体。

国内分布：北京，山西（长治、洪洞、朔州、太原），内蒙古（大兴安岭），黑龙江（哈尔滨），贵州（贵阳、茂兰、石阡、铜仁、印江），云南（大理、澄江、昆明、宁蒗、玉溪），四川（成都、九寨沟），湖南（洞庭湖、麻阳、岳阳），江苏（无锡、徐州），广东（河源、平县），福建，台湾（台北、桃园、新竹）。

国外分布：亚洲（孟加拉国、日本、塔吉克斯坦、伊拉克、以色列），欧洲（奥地利、波兰、德国、俄罗斯、芬兰、荷兰、拉脱维亚、罗马尼亚、挪威、瑞士、土耳其、意大利、英国），北美洲（加拿大、古巴、美国），南美洲（阿根廷、巴西、智利），大洋洲（澳大利亚、新西兰）。

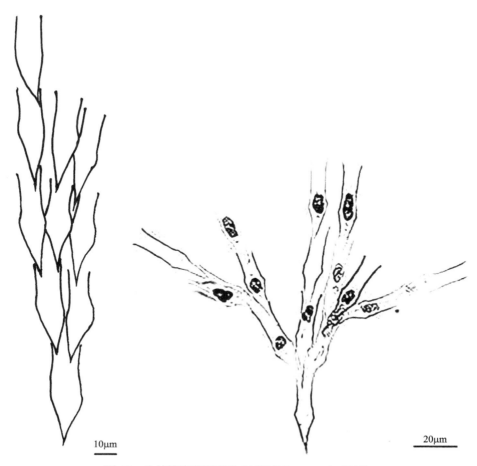

图 59 分歧锥囊藻原变种（右图自 Pang et al., 2019）

Fig. 59 *Dinobryon divergens* Imhof var. *divergens*（right from Pang et al., 2019）

b. 肖斯莱狄变种　图 60，图版 IV: 2

var. **schauinslandii**（Lemmermann）Brunnthaler, Verhandlungen der Kaiserlich-Königlichen Zoologisch-Botanischen Gesellschaft in Wien, **51**: 300, 1901; Pascher, Die Süsswasser Flora Deutschlands, Österreich und der Schweizland, vol. 2, p. 79, fig. 128: c-g, 1913; Huber-Pestalozzi, Das Phytoplankton des Süßwassers, 2. Teil, 1. Häfte, p. 229, Abb. 304, 1941; Starmach, Flora Slodkowodna Polski, Tom 5, Chrysophyta I, p. 173, 1968; Starmach, Süßwasserflora von Mitteleuropa, Band 1, Chrysophyceae-Zotawiciowce, Flora Sodkowodna Polski V, p. 334, fig. 461, 1980; Starmach, Chrysophyceae und Haptophyceae, p. 237, fig. 484, 1985; 魏印心，山西大学学报（自然科学版），**17**（1）: 62, fig. 14, 1994; Kristiansen et Preisig, in John et al., The Freshwater Algal Flora of the British Isles, p. 292, pl. 76, fig. C, 2011.

Dinobryon schauinslandii Lemmermann, Abhandlungen Herausgegeben von Naturwissenscha-ftlichen zu Bremen, **16**: 343, Taf. I, fig. 1-3, 1899b.

Dinobryon cylindricum Iwanoff var. *schauinslandii* Lemmermann, Berichte der Deutschen

Botanischen Gesellschaft, **18**: 516, Taf. XIX, fig. 9-11, 1900.

与原变种的主要区别在于囊壳圆柱形，两侧明显呈波状。囊壳长 35-65μm，宽 8-9μm。

生境：湖泊、水库。

国内分布：山西（宁武），江苏（高邮、南京）。

国外分布：欧洲（奥地利、俄罗斯、罗马尼亚、挪威、西班牙、英国），南美洲（阿根廷、巴西），大洋洲（澳大利亚、新西兰）。

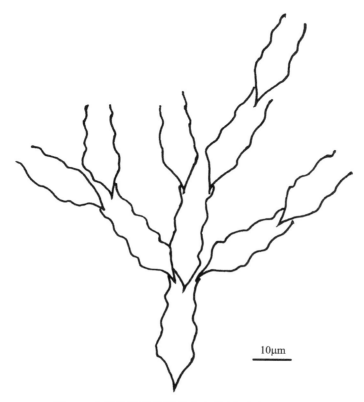

图 60　分歧锥囊藻肖斯莱狄变种（仿魏印心，1994）

Fig. 60　*Dinobryon divergens* var. *schauinslandii*（Lemmermann）Brunnthaler（after Wei, 1994）

7. 宁武锥囊藻　图 61，图版 IV: 3-4

Dinobryon ningwuensis Jiang, Feng et Xie, Phytotaxa, **374**: 221, fig. 2, 2018.

群体为分枝较多的树状或丛状，细胞密集排列，囊壳为柱状圆锥形，前端开口处略扩大，中部近平行呈圆柱形，后半部呈锥形。囊壳长 23-36μm，宽 8-12μm。

生境：湖泊。

国内分布：山西（宁武）。

国外分布：未见报道。

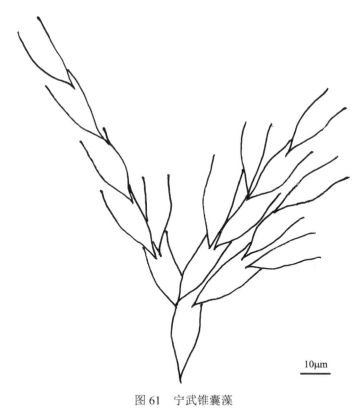

图 61　宁武锥囊藻

Fig. 61　*Dinobryon ningwuensis* Jiang, Feng et Xie

8. 考奇科夫锥囊藻　图 62，图版 V: 1

Dinobryon korschikovii Matvienko, in Vyznachnyk prisnovodnykh vodorostej Ukrajns'koj
RSR, Chastyna 1, p. 255, 259, 1965; Starmach, Süßwasserflora von Mitteleuropa, Band
1, Chrysophyceae und Haptophyceae, p. 228, fig. 456, 1985; Kristiansen et Preisig, in
John et al., The Freshwater Algal Flora of the British Isles, p. 316, 2011.

Dinobryon elegantissimum Bourrelly, Revue Algologique: Mémoire Hors-Série, **1**: 165, pl. 2,
fig. 11, 12, 1957; Yamagishi, Plankton Algae in Taiwan, p. 20, pl. 6, fig. 4, 1992.

群体呈疏松丛状，细胞密集排列，囊壳圆柱形，基部为细圆锥形，中部略微膨胀，
具细微波形边缘，开口处略扩大。囊壳长 36-44μm，宽 9-10μm。

生境：溪流、鱼塘、水池。

国内分布：山西(宁武)，台湾(屏东、台北、新竹)。

国外分布：亚洲(日本)，欧洲(爱尔兰、保加利亚、德国、俄罗斯、法国、荷兰、
英国)，北美洲(加拿大、美国)，南美洲(巴西)，大洋洲(澳大利亚)。

9. 群聚锥囊藻(有柄钟罩藻)

Dinobryon sociale Ehrenberg, Abhandlungen der Königlichen Akademie der Wissenschaften
zu Berlin, Physikalische Klasse, **1832**(1): 279, 1834; Pascher, Die Süsswasser flora
Deutschlands, Österreich und der Schweizland, vol. 2, p. 73, fig. 116, 117, 1913;

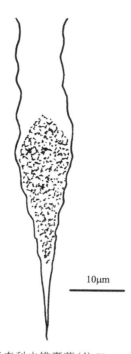

图62　考奇科夫锥囊藻（仿 Yamagishi, 1992）

Fig. 62　*Dinobryon* korschikovii Matvienko（after Yamagishi, 1992）

Huber-Pestalozzi, Das Phytoplankton des Süßwassers, 2. Teil, 1. Häfte, p. 226, Abb. 298, 1941; Skvortzov, Bulletin of the Herbarium of North-Eastern Forestry Academy（Harbin）, **3**: 48, pl. 13, fig. 15-17, 1961; Starmach, Flora Slodkowodna Polski, Tom 5, Chrysophyta I, p. 170, fig. 280, 1968; Starmach, Süßwasserflora von Mitteleuropa, Band 1, Chrysophyceae und Haptophyceae, p. 234, fig. 474, 1985; Dillard, Bibliotheca Phycologica, **112**: 31, pl. 6, fig. 5, 2007; Kristiansen et Preisig, in John et al., The Freshwater Algal Flora of the British Isles, p. 292, 2011; Pang et al., Nova Hedwigia, 148: 49, fig. 11, 2019.

Vaginicola socialis Ehrenberg, Abhandlungen der Königlichen Akademie Wissenschaften zu Berlin, Physikalische Klasse, **1831**: 93, 1832.

a. 原变种　图63，图版 V: 5

var. **sociale**

群体呈疏松的丛状，细胞密集排列，囊壳为柱状圆锥形，前端开口处略呈扩展状，中部近平行呈圆柱形，后半部呈圆锥形，后端渐尖呈锥状。囊壳长 28-50μm，宽 8-10μm。

生境：湖泊、水库、水洼。

国内分布：天津，山西（太原），河北（白洋淀），内蒙古（大兴安岭），黑龙江（哈尔滨），西藏（林芝），四川（成都、攀枝花），重庆，湖南（长沙、麻阳），安徽（合肥），云南（昆明、宁蒗），江苏（南京、无锡）。

国外分布：亚洲（日本、伊拉克）、欧洲（德国、俄罗斯、芬兰、荷兰、罗马尼亚、

挪威、瑞典、斯洛伐克、西班牙、英国），北美洲（加拿大、美国），南美洲（阿根廷），
非洲（南非），大洋洲（澳大利亚、新西兰）。

10μm   20μm

图 63　群聚锥囊藻原变种（右图自 Pang et al., 2019）

Fig. 63　*Dinobryon sociale* Ehrenberg var. *sociale*（right from Pang et al., 2019）

b. 美国变种　图 64

var. **americanum** (Brunnthaler) Bachmann, Das Phytoplankton des Süsswassers mit Besonderer
　　Berücksichtigung des Vierwaldstättersees, p. 54, 1911; Pascher, Die Süsswasser flora
　　Deutschlands, Österreich und der Schweizland, vol. 2, p. 73, fig. 117, 1913;
　　Huber-Pestalozzi, Das Phytoplankton des Süßwassers, 2. Teil, 1. Häfte, p. 226, Abb. 300,
　　1941; Starmach, Flora Slodkowodna Polski, Tom 5, Chrysophyta I, p. 165, fig. 271,
　　1968; Starmach, Süßwasserflora von Mitteleuropa, Band 1, Chrysophyceae und
　　Haptophyceae, p. 235, fig. 476, 1985; 李尧英等, 西藏藻类, p. 396, pl. 80, fig. 4, 1992;
　　Kristiansen et Preisig, in John et al., The Freshwater Algal Flora of the British Isles, p.
　　292, pl. 76, fig. F, 2011.

Dinobryon stipitatum var. *americanum* Brunnthaler, Verhandlungen der Kaiserlich-
　　Königlichen Zoologisch-Botanischen Gesellschaft in Wien, **51**: 301, fig. 3, 1901.

与原变种的主要区别在于囊壳下部呈柄状而上部呈锥状。囊壳长 20-30μm，宽 7-10μm。

生境：水库。

国内分布：湖南(吉首)，西藏(亚东)。

国外分布：欧洲(德国、罗马尼亚、挪威、土耳其、英国)，北美洲(加拿大、美国)，南美洲(阿根廷)。

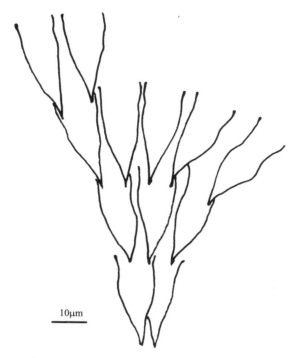

图 64　群聚锥囊藻美国变种(仿李尧英等, 1992)

Fig. 64　*Dinobryon sociale* var. *americanum* (Brunnthaler) Bachmann (after Li et al., 1992)

10. 中华锥囊藻　图 65

Dinobryon sinicum Skvortzov, Bulletin of the Herbarium of North-Eastern Forestry Academy (Harbin), **3**: 48, pl. 13, fig. 13, 14, 1961.

群体呈密集丛状，细胞密集排列，囊壳为柱状圆锥形，前端开口处不扩展，中部近平行呈圆柱形，后半部呈圆锥形，后端渐尖呈锥状。囊壳长 15-17μm，宽 4-4.5μm。

生境：湖泊。

国内分布：黑龙江(哈尔滨)。

国外分布：未见报道。

11. 长锥形锥囊藻　图 66，图版 V: 2

Dinobryon bavaricum Imhof, Zoologischer Anzeiger, **13**: 484, 1890; Li, Lingnan Science Journal, **11**(2): 257, 1932; Huber-Pestalozzi, Das Phytoplankton des Süßwassers, 2. Teil, 1. Häfte, p. 224, Abb. 295, 1941; Starmach, Flora Slodkowodna Polski, Tom 5,

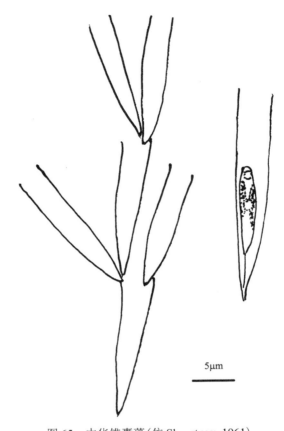

图 65　中华锥囊藻（仿 Skvortzov, 1961）

Fig. 65　*Dinobryon sinicum* Skvortzov（after Skvortzov, 1961）

Chrysophyta I, p. 171, fig. 282, 1968; Starmach, Süßwasserflora von Mitteleuropa, Band 1, Chrysophyceae und Haptophyceae, p. 237, fig. 478, 1985; Dillard, Bibliotheca Phycologica, **112**: 29, pl. 5, fig. 10, 2007; Kristiansen et Preisig, in John et al., The Freshwater Algal Flora of the British Isles, p. 291, pl. 75, fig. N, 2011; Pang et al., Nova Hedwigia, 148: p. 49, fig. 12, 2019.

Dinobryon elongatum Imhof, Jahresbericht der Naturforschenden Gesellschaft Graubündens, **30**: 135, 1887.

群体呈狭长的、自下向上略扩大的丛状，由少数细胞近平行排列而成，囊壳为长柱状圆锥形，前端开口处略扩大，中部近平行呈圆柱形，其侧缘略呈波状或无，后端细长，突尖或渐尖，呈长锥状，略向一侧弯曲。囊壳长 50-120μm，宽 6-10μm。

生境：湖泊、水库、溪流。

国内分布：北京，山西（宁武），内蒙古（大兴安岭），黑龙江（哈尔滨），湖南（麻阳），江苏（无锡、徐州）。

国外分布：亚洲（日本、塔吉克斯坦、伊拉克、印度），欧洲（德国、俄罗斯、荷兰、罗马尼亚、瑞典、斯洛伐克、土耳其、英国），北美洲（古巴、加拿大、美国），南美洲（阿根廷、巴西），大洋洲（澳大利亚、新西兰）。

图 66 长锥形锥囊藻(右图自 Pang et al., 2019)

Fig. 66 *Dinobryon bavaricum* Imhof(right from Pang et al., 2019)

12. 密集锥囊藻(花环钟罩藻)

Dinobryon sertularia Ehrenberg, Abhandlungen der Königlichen Akademie Wissenschaften zu Berlin, Physikalische Klasse, **1832**: 280, 1834; Pascher, Die Süsswasser Flora Deutschlands, Österreich und der Schweizland, vol. 2, p. 72, fig. 112-114, 1913; Huber-Pestalozzi, Das Phytoplankton des Süßwassers, 2. Teil, 1. Häfte, p. 222, Abb. 290, 1941; Skvortzov, Bulletin of the Herbarium of North-Eastern Forestry Academy (Harbin), **3**: 48, pl. 14, fig. 1-4, 1961; Starmach, Flora Slodkowodna Polski, Tom 5, Chrysophyta I, p. 166, fig. 275, 276, 1968; Starmach, Süßwasserflora von Mitteleuropa, Band 1, Chrysophyceae und Haptophyceae, p. 231, fig. 468, 1985; Yamagishi, Plankton Algae in Taiwan(Formosa), p. 21, pl. 6, fig. 5, 1992; Dillard, Bibliotheca Phycologica, **112**: 30, pl. 6, fig. 4, 2007; Kristiansen et Preisig, in John et al., The Freshwater Algal Flora of the British Isles, p. 292, pl. 76, fig. E, 2011; Pang et al., Nova Hedwigia, 148: 49, fig. 11, 2019.

a. 原变种　图 67，图版 V: 3-4

var. **sertularia**

群体呈自下而上的丛状，细胞密集排列，囊壳为纺锤形或钟形，宽而粗短，顶端开口处略扩大，中上部略收缢，后端短而渐尖，呈锥状和略不对称，其一侧呈弓形。囊壳长 30-40μm，宽 10-14μm。

生境：河流、湖泊、水库、水坑。

国内分布：天津，山西（宁武、太原），内蒙古（包头、大兴安岭），黑龙江（哈尔滨），河南（新乡），湖南（麻阳），江苏（无锡、徐州），四川（成都、攀枝花），云南（大理、路南、石林、印江），西藏（定日、拉萨、墨脱、乃东），广东（广州、康乐、乐昌），台湾（南投、屏东、台北）。

国外分布：亚洲（孟加拉国、日本、塔吉克斯坦、伊拉克、印度），欧洲（波兰、德国、俄罗斯、法国、芬兰、格鲁吉亚、荷兰、罗马尼亚、瑞典、斯洛伐克、土耳其、西班牙、英国），北美洲（古巴、加拿大、美国），南美洲（阿根廷、巴西），非洲（喀麦隆、塞拉利昂），大洋洲（澳大利亚）。

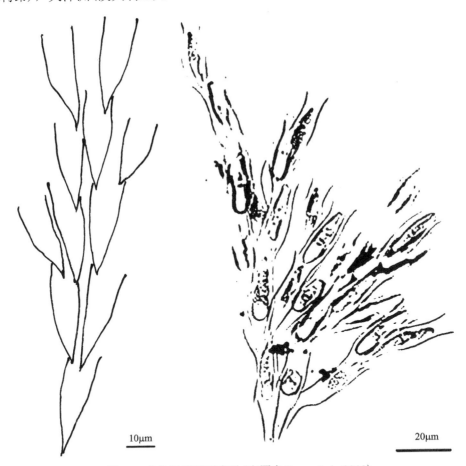

10μm

20μm

图 67　密集锥囊藻原变种（右图自 Pang et al., 2019）

Fig. 67　*Dinobryon sertularia* Ehrenberg var. *sertularia*（right from Pang et al., 2019）

b. 环纹变种　图 68

var. **annulatum** Shi et Wei，见：李尧英等，西藏藻类, p. 396, pl. 79, fig. 2, 1992; Pang et al.,

Nova Hedwigia, 148: 49, fig. 11, 2019.

与原变种的主要区别在于囊壳具有纤细环纹（10μm 间距中有 6-7 条）。囊壳长 21-25μm，宽 7-8μm。

生境：水坑。

国内分布：内蒙古（大兴安岭），西藏（亚东）。

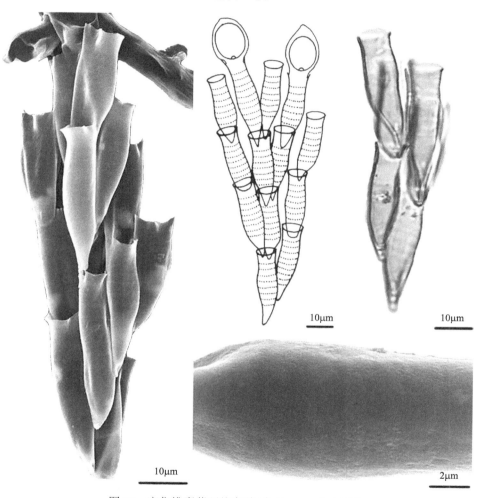

图 68　密集锥囊藻环纹变种（自 Pang et al., 2019）

Fig. 68　*Dinobryon sertularia* var. *annulatum* Shi et Wei（from Pang et al., 2019）

13. 太原锥囊藻　图 69，图版 V: 6

Dinobryon taiyuanensis Jiang, Feng et Xie, Phytotaxa, **404**: 41, fig. 2, 2019.

群体呈狭长的、自下向上略扩大的丛状，由少数细胞近平行排列而成，囊壳略呈 S 形，前端开口处略扩大，其侧缘略弯曲，后端渐尖。囊壳长 20-28μm，宽 6.5-8μm。

生境：湖泊。

国内分布：山西（太原）。

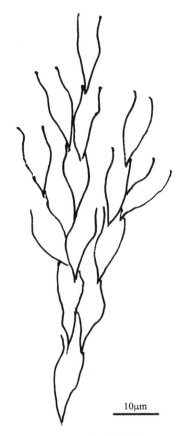

图 69　太原锥囊藻

Fig. 69　*Dinobryon taiyuanensis* Jiang, Feng et Xie

II. 附钟藻属 **Epipyxis** Ehrenberg

Ehrenberg, Die Infusionsthierchen als Aollkommene Organismen, p. 123, 1838.

　　植物体为单细胞，有些种类少数细胞互相贴靠形成丛状群体，其基部附着于丝状藻类或其他基质上。细胞具囊壳，由纤维素结构的鳞片组成，纺锤形、圆柱形、长卵形、圆锥形或钟形，有的种类囊壳由漏斗状的生长环互相连续套合而成，纵断面观呈齿状突起，前端呈圆形或喇叭状开口，后端锥形，囊壳无色透明或黄褐色，原生质体椭圆形、纺锤形或卵形，其基部以一短柄着生于囊壳的底部，具 2 条不等长的鞭毛，从囊壳前端伸出，具 1 个或多个伸缩泡，色素体周生，片状，1-2 个，金黄色，眼点 1 个，位于细胞的前端，细胞核明显，光合作用产物为金藻昆布糖，颗粒状，常位于细胞的后端。

　　也可进行动物性营养，以鞭毛运动捕捉食物。

　　营养繁殖为细胞纵分裂，有些种类可形成静孢子，也常形成休眠孢子。

　　本属有 27 种。中国报道 5 种 2 变种。

　　模式种：椭圆附钟藻 *Epipyxis utriculus* Ehrenberg。

<h1 style="text-align:center">附种藻属分种检索表</h1>

1. 椭圆附钟藻(小囊附钟藻)

Epipyxis utriculus (Ehrenberg) Ehrenberg, Die Infusionsthierchen als vollkommene Organismen, p. 123, pl. 8, fig. 7, 1838; Hilliard et Asmund, Hydrobiologia, **22**: 337, fig. 2, 1963; Starmach, Flora Slodkowodna Polski, Tom 5, Chrysophyta I, p. 188, fig. 310, 1968; Starmach, Süßwasserflora von Mitteleuropa, Band 1, Chrysophyceae und Haptophyceae, p. 257, fig. 514, 1985; 胡鸿钧, 魏印心, 中国淡水藻类—系统、分类及生态, p. 246, pl. VI-6, fig. 7, 2006; Dillard, Bibliotheca Phycologica, **112**: 27, pl. 5, fig. 7, 2007; Kristiansen et Preisig, in John et al., The Freshwater Algal Flora of the British Isles, p. 298, pl. 77, fig. Q, 2011.

Cocconema utriculus Ehrenberg, Abhandlungen der Königlichen Akademie Wissenschaften zu Berlin, Physikalische Klasse, **1831**: 89, 1832.

Dinobryon utriculus (Ehrenberg) Klebs, Zeitschrift für Wissenschaftliche Zoologie, **55**: 414, 1892.

a. 原变种　图 70，图版 VI: 1

var. utriculus

　　单细胞，囊壳狭纺锤形，在电镜下观察囊壳具铜钱形花纹，前端略狭窄，开口平截形，后端规则地逐渐尖细呈线状着生于基质上，原生质体卵形。囊壳长 18-50μm，宽 6-10μm。

　　生境：湖泊、水库。

　　国内分布：山西(宁武、太原)，山东(青岛)，河南(舞钢)。

　　国外分布：欧洲(俄罗斯、荷兰、罗马尼亚、斯洛伐克、土耳其、英国)，北美洲(加拿大、美国)，大洋洲(澳大利亚、新西兰)。

b. 尖形变种　图 71

var. acuta (Schiller) Hilliard et Asmund, Hydrobiologia, **22**: 343, fig. 4, 1963; Starmach, Flora Slodkowodna Polski, Tom 5, Chrysophyta I, p. 188, 1968; Starmach, Chrysophyceae, p. 357, fig. 493, 1980; Starmach, Süßwasserflora von Mitteleuropa, Band 1, Chrysophyceae und Haptophyceae, p. 257, fig. 515, 1985; 李尧英等, 西藏藻类, p. 397, pl. 80, fig. 5-7, 1992; Kristiansen et Preisig, in John et al., The Freshwater

Algal Flora of the British Isles, p. 298, pl. 77, fig. Q, 2011.

Dinobryon utriculus var. *acutum* Schiller, Archiv für Protistenkund, **56**:28, fig. 19, 1926.

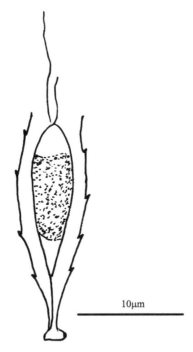

图 70 椭圆附钟藻原变种

Fig. 70 *Epipyxis utriculus* (Ehrenberg) Ehrenberg var. *utriculus*

与原变种的主要区别在于囊壳后端明显呈尖形，具细刺状短柄。囊壳长 18-25μm，宽 7-8μm。

生境：湖泊、水沟、水坑、小水洼。

国内分布：四川（攀枝花），西藏（措美、林芝、乃东、亚东）。

国外分布：欧洲（英国），北美洲（美国），大洋洲（澳大利亚）。

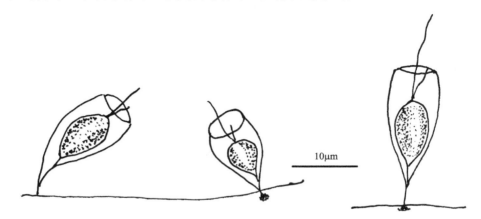

图 71 椭圆附钟藻尖形变种（仿施之新，1992）

Fig. 71 *Epipyxis utriculus* (Ehrenberg) Ehrenberg var. *acuta* (Schiller) Hilliard et Asmund (after Shi, 1992)

c. 小型变种 图 72

var. **pusilla** Awerinzew, Bericht in die Biologie der Süsswasserfische Königlichen der Naturforschenden Gesellschaft zu Saint Petersburg, **1**: 226, pl. 4, fig. 4, 1901; Hilliard et Asmund, Hydrobiologia, **22**: 389, 1963; Starmach, Flora Slodkowodna Polski, Tom 5, Chrysophyta I, p. 188, 1968; Starmach, Chrysophyceae, p. 357, 1980; Starmach, Süßwasserflora von Mitteleuropa, Band 1, Chrysophyceae und Haptophyceae, p. 257, 1985; Pang et al., Nova Hedwigia, 148: 50, fig. 22, 23, 2019.

Dinobryon utriculus var. *pusillum* (Awerinzew) Lemmermann, Kryptogamenflora der Mark Brandenburg und angrenzender Gebiete Herausgegeben von dem Botanishcen Verein der Provinz Brandenburg, III, p. 458, 1908b.

与原变种的主要区别在于囊壳较小。囊壳长 18-20μm，宽 6-7.5μm。

生境：河流。

国内分布：内蒙古(大兴安岭)。

国外分布：亚洲(印度)，欧洲(俄罗斯、罗马尼亚、斯洛伐克、土耳其、乌克兰)，北美洲(美国)，大洋洲(新西兰)。

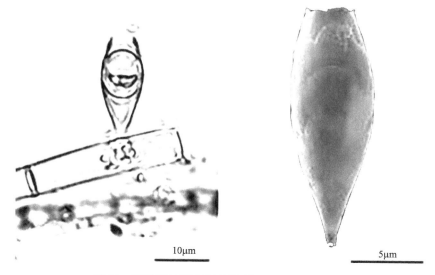

10μm   5μm

图 72　椭圆附钟藻小型变种(自 Pang et al., 2019)

Fig. 72　*Epipyxis utriculus* var. *pusilla* Awerinzew (from Pang et al., 2019)

2. 变形附钟藻 图 73

Epipyxis proteus (Wislouch) Hilliard et Asmund, Hilliard et Asmund, Hydrobiologia, **22**: 348, fig. 8, 1963; Starmach, Flora Slodkowodna Polski, Tom 5, Chrysophyta I, p. 189, fig. 313, 1968; Starmach, Chrysophyceae, p. 359, fig. 495, 1980; Starmach, Süßwasserflora von Mitteleuropa, Band 1, Chrysophyceae und Haptophyceae, p. 257, fig. 517, 1985; Kristiansen et Preisig, in John et al., The Freshwater Algal Flora of the British Isles, p. 297, pl. 77, fig. J, 2011; Pang et al., Nova Hedwigia, 148: 50, fig. 21,

2019.

Dinobryon proteus Wislouch, Journal of Mikrobiology, **1**: 276, fig. 15, 1914.

Dinobryon eurystoma var. *proteus* (Wislouch) Huber-Pestalozzi, Das Phytoplankton des Süßwassers, 2. Teil, 1. Häfte, p. 234, Abb. 315a, 1941.

单细胞，囊壳呈锥形，表面具有铜钱形的纤维质鳞片，开口平截形或呈漏斗状，后端渐尖呈锥形，着生在丝状藻类表面，原生质体梭形。囊壳长 32-36μm，宽 8-10μm。

生境：小湖泊。

国内分布：内蒙古（大兴安岭）。

国外分布：欧洲（保加利亚、波兰、俄罗斯、罗马尼亚、英国），北美洲（美国）。

10μm

图 73 变形附钟藻（自 Pang et al., 2019）

Fig. 73 *Epipyxis proteus* (Wislouch) Hilliard et Asmund (from Pang et al., 2019)

3. 劳特博恩附钟藻 图 74

Epipyxis lauterbornii (Lemmermann) Hilliard et Asmund, Hydrobiologia, **22**: 388, 1963; Starmach, Flora Slodkowodna Polski, Tom 5, Chrysophyta I, p. 186, fig. 307, 1968; Starmach, Süßwasserflora von Mitteleuropa, Band 1, Chrysophyceae und Haptophyceae, p. 255, fig. 510, 1985; Kristiansen et Preisig, in John et al., The Freshwater Algal Flora of the British Isles, p. 295, pl. 77, fig. G, 2011.

Hyalobryon lauterbornii Lemmermann, Berichte der Deutsche Botanischen Gesellschaft, **19**: 85, pl. 4, fig. 1a, 1b, 1901; 李尧英等，西藏藻类，p. 397, pl. 80, fig. 8, 1992.

单细胞，囊壳圆柱形，纵断面观呈齿状突起，前端开展，后端无柄，原生质体纺锤形。囊壳长约 21μm，宽约 5μm。

生境：小水坑。

国内分布：西藏（林芝）。

国外分布：欧洲（德国、俄罗斯、荷兰、斯洛伐克、西班牙、英国），大洋洲（新西兰）。

4. 平口附钟藻 图 75

Epipyxis epiplanctica (Skuja) Hilliard et Asmund, Hydrobiologia, **22**: 389, 1963; Starmach,
Flora Slodkowodna Polski, Tom 5, Chrysophyta I, p. 184, fig. 301, 1968; Starmach,
Chrysophyceae, p. 353, fig. 482, 1980; Starmach, Süßwasserflora von Mitteleuropa,
Band 1, Chrysophyceae und Haptophyceae, p. 253, fig. 504, 1985; Pang et al., Nova
Hedwigia, 148: 50, fig. 20, 2019.

Dinobryon stokesii var. *epiplancticum* Skuja, Symbolae Botanicae Upsalienses 9 (3): 287, pl.
31, fig. 31-38, 1948.

单细胞，囊壳为长圆柱形，两侧近平行，后端渐尖呈窄圆形，着生在丝状藻上，原
生质体纺锤形，附于囊壳底部。囊壳长约 23μm，宽约 5.5μm。

生境：小湖泊。

国内分布：内蒙古（大兴安岭）。

国外分布：欧洲（德国、瑞典），北美洲（美国）。

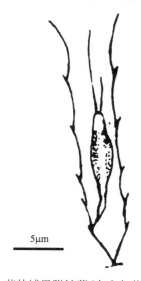

图 74　劳特博恩附钟藻（自李尧英，1992）

Fig. 74　*Epipyxis lauterbornii* (Lemmermann)
Hilliard et Asmund (from Li et al., 1992)

图 75　平口附钟藻（自 Pang et al., 2019）

Fig. 75　*Epipyxis epiplanctica* (Skuja) Hilliard et
Asmund (from Pang et al., 2019)

5. 畸形附钟藻 图 76

Epipyxis deformans Awerinzew, Bericht in die Biologie der Süsswasserfische Königlichen
der Naturforschenden Gesellschaft zu Saint Petersburg, **1**: 226, pl. 4, fig. 5-11, 1901;
Hilliard et Asmund, Hydrobiologia, **22**: 388, 1963; Starmach, Flora Slodkowodna Polski,
Tom 5, Chrysophyta I, p. 189, fig. 314, 1968; Starmach, Chrysophyceae, p. 359, fig. 497,
1980; Starmach, Süßwasserflora von Mitteleuropa, Band 1, Chrysophyceae und

Haptophyceae, p. 258, fig. 519, 1985; Pang et al., Nova Hedwigia, 148: 50, fig. 19, 2019.

单细胞，囊壳近圆柱形，前端呈漏斗状开口，后端规则地渐尖呈圆锥形，有两层生长环，原生质体梭形，由 1 短柄着生于囊壳底部。囊壳长 29-33μm，宽 5-6μm。

生境：沼泽。

国内分布：内蒙古(大兴安岭)。

国外分布：欧洲(俄罗斯)，北美洲(美国)。

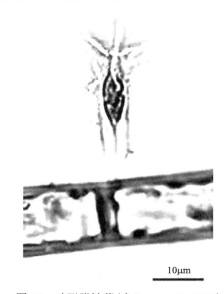

10μm

图 76　畸形附钟藻(自 Pang et al., 2019)

Fig. 76　*Epipyxis* deformans Awerinzew(from Pang et al., 2019)

Ⅲ. 金杯藻属 **Kephyrion** Pascher

Pascher, Berichte der Deutsche Botanischen Gesellschaft, **29**: 532, 1911a.

植物体为单细胞，自由运动或着生，原生质体外具囊壳，囊壳卵形、纺锤形或烧瓶状等，其前端具 1 个宽的开口，囊壳壁平滑或具环状花纹，无色或黄色，原生质体几乎充满囊壳的较小部分，1 条长鞭毛从囊壳前端开口伸出，其基部具 1 个伸缩泡，短鞭毛在光学显微镜下不能观察到，色素体周生，片状，1 个，金黄色，常具 1 个眼点，细胞核 1 个，具金藻昆布糖和颗粒状油滴。

营养繁殖为囊壳内的原生质体纵分裂成 2 个，其中的 1 个从囊壳逸出，形成新个体。有性生殖在几个种中观察到为同配。

一般生长在小水体中，较常见。

本科有约 40 种。中国报道 14 种。

模式种：*Kephyrion sitta* Pascher。

金杯藻属分种检索表

1. 平截金杯藻　图 77

Kephyrion truncatum Skvortzov, Bulletin of the Herbarium of North-Eastern Forestry Academy (Harbin), **3**: 33, pl. 8, fig. 12, 13, 1961.

囊壳近方形，无色或褐色，表面光滑，前端无领，鞭毛孔宽大，具 1 条鞭毛，为体长的 1.2-1.5 倍，色素体周生，片状，1 个，黄褐色，无眼点。囊壳直径 9-11μm。

生境：水池。

国内分布：黑龙江 (哈尔滨)。

国外分布：未见报道。

2. 棕色金杯藻　图 78

Kephyrion brunneum Skvortzov, Bulletin of the Herbarium of North-Eastern Forestry Academy (Harbin), **3**: 34, pl. 8, fig. 20, 1961.

囊壳近纺锤形，棕褐色，表面光滑，前端平截，无领，鞭毛孔较宽，具 1 条鞭毛，约等于体长，色素体周生，片状，1 个，黄褐色。囊壳长 11μm，直径 9-11μm。

生境：水池。

国内分布：黑龙江(哈尔滨)。

国外分布：未见报道。

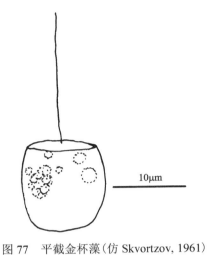

图 77　平截金杯藻(仿 Skvortzov, 1961)

Fig. 77　*Kephyrion truncatum* Skvortzov(after Skvortzov, 1961)

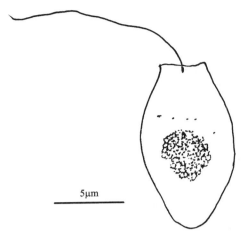

图 78　棕色金杯藻(仿 Skvortzov, 1961)

Fig. 78　*Kephyrion brunneum* Skvortzov(after Skvortzov, 1961)

3. 具刺金杯藻　图 79

Kephyrion hispidum Skvortzov, Bulletin of the Herbarium of North-Eastern Forestry Academy(Harbin), **3**: 34, pl. 8, fig. 21, 1961.

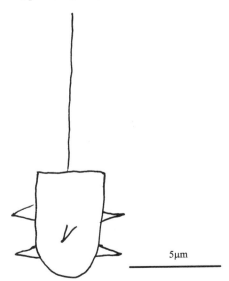

图 79　具刺金杯藻(仿 Skvortzov, 1961)

Fig. 79　*Kephyrion hispidum* Skvortzov(after Skvortzov, 1961)

囊壳近卵形，黑褐色，表面有稀疏的刺，鞭毛孔宽大，具 1 条鞭毛，约为体长的 1.5 倍，色素体褐绿色。囊壳长 6-7μm。

生境：水池。

国内分布：黑龙江(哈尔滨)。

国外分布：未见报道。

4. 夏季金杯藻 图 80

Kephyrion aestivum Skvortzov, Bulletin of the Herbarium of North-Eastern Forestry Academy(Harbin), **3**: 33, pl. 8, fig. 17, 1961.

囊壳球形，无色或浅棕色，表面光滑，前端具圆柱状短领，鞭毛孔略狭窄，具 1 条鞭毛，约等于体长，色素体周生，片状，1 个，黄褐色，无眼点。囊壳直径 7-8μm。

生境：水池。

国内分布：黑龙江(哈尔滨)。

国外分布：未见报道。

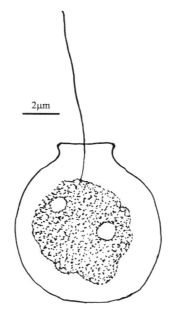

2μm

图 80　夏季金杯藻(仿 Skvortzov, 1961)

Fig. 80　*Kephyrion aestivum* Skvortzov(after Skvortzov, 1961)

5. 北方金杯藻 图 81，图版 VI: 2

Kephyrion boreale Skuja, Nova Acta Regiae Societatis Scientiarum Upsaliensis, ser. IV, **16**: 266, pl. 16, fig. 36-40, 1956; Starmach, Flora Slodkowodna Polski, Tom 5, Chrysophyta I, p. 240, fig. 421, 1968; Starmach, Süβwasserflora von Mitteleuropa, Band 1, Chrysophyceae und Haptophyceae, p. 98, fig. 165, 1985; 魏印心, 山西大学学报(自然科学版)，**17**(1): 61, fig. 5, 6, 1994.

囊壳侧扁，正面观倒卵形，侧面观柱状长圆形，两侧近平行，无色或褐色，最宽处在中上部，前端具圆柱状短领，鞭毛孔略狭窄，后端圆，原生质体前端具 1 条鞭毛，约与囊壳等长，前端具 2 个伸缩泡，色素体周生，带状，1 个，黄绿色或黄褐色，具或无眼点。囊壳长 7-10μm，宽 5-7μm。

生境：溪流、湖泊。

国内分布：山西(洪洞、晋城、平定、太原)，湖北(武汉)，江苏(高邮、徐州)。

国外分布：欧洲(格鲁吉亚、瑞典、斯洛伐克、英国)，北美洲(加拿大)。

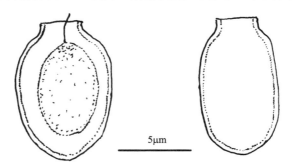

图 81　北方金杯藻(仿魏印心，1994)

Fig. 81　*Kephyrion boreale* Skuja(after Wei, 1994)

6. 马特万科金杯藻　图 82

Kephyrion matvienkoi Skvortzov, Bulletin of the Herbarium of North-Eastern Forestry Academy(Harbin)，**3**: 33, pl. 8, fig. 18, 19, 1961.

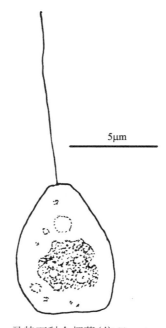

图 82　马特万科金杯藻(仿 Skvortzov, 1961)

Fig. 82　*Kephyrion matvienkoi* Skvortzov(after Skvortzov, 1961)

囊壳略侧扁，正面观宽卵形，无色，表面光滑，最宽处在中下部，前端具圆柱状短领，鞭毛孔狭窄，后端圆，原生质体前端具 1 条鞭毛，为体长的 1.2-1.5 倍，色素体周生，片状，1 个，黄褐色，具眼点。囊壳直径 5.5-6.5μm。

　　生境：水池。

　　国内分布：黑龙江(哈尔滨)。

　　国外分布：未见报道。

7. 宽金杯藻　图 83

Kephyrion latum Skvortzov, Bulletin of the Herbarium of North-Eastern Forestry Academy(Harbin), **3**: 33, pl. 8, fig. 14, 15, 1961.

　　囊壳宽卵形，无色或褐色，表面光滑，最宽处在中下部，前端具圆柱状短领，鞭毛孔宽大，具 1 条鞭毛，约等于体长，色素体周生，片状，1 个，黄褐色。囊壳直径 7.4-7.8μm。

　　生境：水池。

　　国内分布：黑龙江(哈尔滨)。

　　国外分布：未见报道。

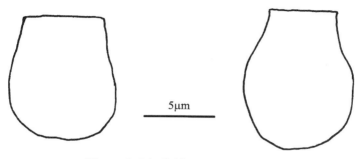

图 83　宽金杯藻(仿 Skvortzov, 1961)

Fig. 83　*Kephyrion latum* Skvortzov(after Skvortzov, 1961)

8. 饱满金杯藻　图 84，图版 VI: 3-4

Kephyrion impletum Nygarrd, Kongelige Danske VidenskabernesSelskab, Biologiske Skrifter, **7**(1): 116, fig. 61, 1949; Starmach, Flora Slodkowodna Polski, Tom 5, Chrysophyta I, p. 241, fig. 424, 1968; Starmach, Süßwasserflora von Mitteleuropa, Band 1, Chrysophyceae und Haptophyceae, p. 99, fig. 171, 1985; 魏印心, 山西大学学报(自然科学版), **17**(1): 61, fig. 12, 1994.

　　囊壳无色，缶形或近菱形，中部最宽，后部逐渐变狭，呈圆锥形，基部圆，前部具圆柱状短领，鞭毛孔口平截，原生质体前端具 1 条鞭毛，为体长的 2-3 倍，色素体 1 个，周生，带状，具 1 个大的、球形的金藻昆布糖。囊壳长 6-8μm，宽 6.5-7μm。

　　生境：溪流、湖泊。

　　国内分布：山西(晋城、宁武、平定、太原)，湖北(武汉)。

　　国外分布：欧洲(丹麦、荷兰)。

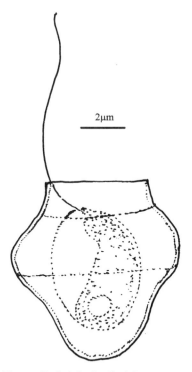

图 84　饱满金杯藻（仿魏印心，1994）

Fig. 84　*Kephyrion impletum* Nygarrd（after Wei, 1994）

9. 秋季金杯藻　图 85

Kephyrion autumnalis Skvortzov, Bulletin of the Herbarium of North-Eastern Forestry Academy（Harbin），**3**: 33, pl. 8, fig. 16, 1961.

囊壳淡棕色，缶形，中部最宽，后部钝圆，前部具圆柱状短领，鞭毛孔口平截，原生质体前端具 1 条鞭毛，色素体 1 个，周生，带状，棕黄色。囊壳长 5.7-7.4μm。

生境：水沟。

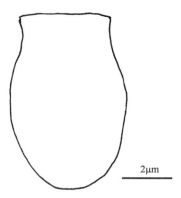

图 85　秋季金杯藻（仿 Skvortzov, 1961）

Fig. 85　*Kephyrion autumnalis* Skvortzov（after Skvortzov, 1961）

国内分布：黑龙江(哈尔滨)。

国外分布：未见报道。

10. 卵形金杯藻　图 86，图版 VI: 5

Kephyrion ovale (Lackey) Huber-Pestalozzi, Das Phytoplankton des Süßwassers, 2. Teil, 1. Häfte, p. 71, Abb. 86D, 1941; Starmach, Flora Slodkowodna Polski, Tom 5, Chrysophyta I, p. 241, fig. 428, 1968; Starmach, Süßwasserflora von Mitteleuropa, Band 1, Chrysophyceae und Haptophyceae, p. 100, fig. 175, 1985; 魏印心, 山西大学学报(自然科学版), **17**(1): 62, fig. 11, 1994; Dillard, Bibliotheca Phycologica, **112**: 18, pl. 3, fig. 1, 2007.

Chrysococcus ovale Lackey, American Midland Naturalist, **20**: 619, 1938.

囊壳卵形，黄褐色，具精致的横环纹，前端具较宽的孔口，原生质体前端具 1 条鞭毛，约等于体长，色素体周生，带状，1 个。囊壳长 7-10μm，宽 5-7μm。

生境：溪流、湖泊。

国内分布：山西(平定、太原)，湖北(武汉)。

国外分布：欧洲(德国)，北美洲(加拿大、美国)，南美洲(巴西)。

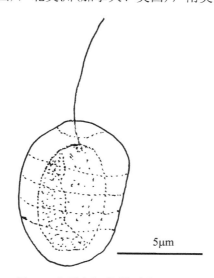

5μm

图 86　卵形金杯藻(仿魏印心, 1994)

Fig. 86　*Kephyrion ovale* (Lackey) Huber-Pestalozzi (after Wei, 1994)

11. 螺旋金杯藻　图 87，图版 VI: 6

Kephyrion spirale (Lackey) Conrad, Bulletin du Musée Royale d'Histoire naturelle de Belgique, 15(41): 3, 1939; Huber-Pestalozzi, Das Phytoplankton des Süßwassers, 2. Teil, 1. Häfte, p. 70, Abb. 86B, 1941; Starmach, Flora Slodkowodna Polski, Tom 5, Chrysophyta I, p. 244, fig. 439, 1968; Starmach, Chrysophyceae, p. 133, fig. 176, 1980; Starmach, Süßwasserflora von Mitteleuropa, Band 1, Chrysophyceae und Haptophyceae, p. 103, fig. 190, 1985; Pang et al., Nova Hedwigia, 148: 52, fig. 4, 5, 2019.

Chrysococcus spiralis Lackey, American Midland Naturalist, **20**: 620, fig. 5, 11, 1938.

　　囊壳近卵形，最宽处在中下部，表面具不规则环纹，呈螺旋形排列，前端开口平截，下部渐狭，原生质体椭圆形，前端具 1 条鞭毛，伸出囊壳外。囊壳长 10-11.5μm，宽 6.5-8μm。

　　生境：沼泽、湖泊。

　　国内分布：山西(宁武)，内蒙古(大兴安岭)。

　　国外分布：亚洲(塔吉克斯坦)，欧洲(比利时、丹麦、德国、俄罗斯、罗马尼亚、挪威、斯洛伐克、西班牙、英国)，北美洲(加拿大、美国)，大洋洲(新西兰)。

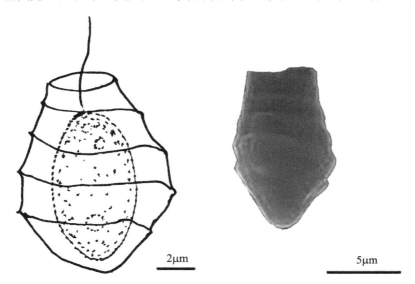

图 87　螺旋金杯藻(右图自 Pang et al., 2019)

Fig. 87　*Kephyrion spirale* (Lackey) Conrad (right from Pang et al., 2019)

12. 具鞭金杯藻　图 88，图版 VI: 7

Kephyrion mastigophorum Schmidle, Österreichische Botanicche Zeitschrift, **83**: 167, 1934; Huber-Pestalozzi, Das Phytoplankton des Süßwassers, 2. Teil, 1. Häfte, p. 68, Abb. 84, 1941; Starmach, Flora Slodkowodna Polski, Tom 5, Chrysophyta I, p. 237, fig. 418, 1968; Starmach, Süßwasserflora von Mitteleuropa, Band 1, Chrysophyceae und Haptophyceae, p. 97, fig. 161, 1985; 魏印心，山西大学学报(自然科学版)，**17**(1): 61, fig. 10, 1994.

　　囊壳卵形，前部渐狭，基部圆，壁平滑，淡黄色，前端孔口宽，平截，原生质体充满囊壳，前端具 1 条鞭毛，2-2.5 倍于囊壳长，色素体周生，带状，1 个，绿色，眼点 1 个。囊壳长 6.5-7.5μm，宽 6-7μm。

　　生境：水库、池塘。

　　国内分布：山西(宁武)，江苏(高邮)。

　　国外分布：欧洲(奥地利、荷兰、罗马尼亚、斯洛伐克)。

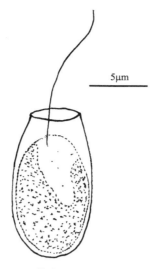

图 88　具鞭金杯藻（仿魏印心，1994）

Fig. 88　*Kephyrion mastigophorum* Schmidle（after Wei, 1994）

13. 岸生金杯藻　图 89，图版 VI: 8

Kephyrion littorale Lund, New Phytologist, **41**: 283, fig. 5: A-I, 1942; Starmach, Flora Slodkowodna Polski, Tom 5, Chrysophyta I, p. 240, fig. 423, 1968; Starmach, Süßwasserflora von Mitteleuropa, Band 1, Chrysophyceae und Haptophyceae, p. 99, fig. 170, 1985; 魏印心，山西大学学报（自然科学版），**17**(1)：61, fig. 8, 9, 1994; Kristiansen et Preisig, in John et al., The Freshwater Algal Flora of the British Isles, p. 298, pl. 78, fig. A, 2011.

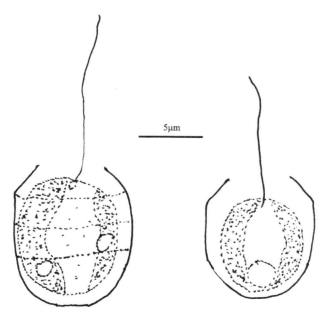

图 89　岸生金杯藻（仿魏印心，1994）

Fig. 89　*Kephyrion littorale* Lund（after Wei, 1994）

囊壳卵形或倒卵形，平滑，褐色，前端和后端略狭，前端略狭处略增厚，孔口平截，原生质体前端具 1 条鞭毛，稍长于囊壳，色素体周生，片状，2 个，有时 3 个，眼点 1 个，具 1 个大的、球形的金藻昆布糖。囊壳长 5.5-12μm，宽 5-12μm。

生境：溪流、湖泊、水池。

国内分布：山西(平定)，河北(保定)，四川(成都、泸定)，湖北(武汉)。

国外分布：亚洲(塔吉克斯坦)，欧洲(波兰、荷兰、罗马尼亚、斯洛伐克、英国)。

14. 浮游金杯藻　图 90

Kephyrion planctonicum Hilliard, Nova Hedwigia, **14**: 52, pl. 39(1), fig. c, d, pl. 42(4), fig. 2, 1967; Starmach, Flora Slodkowodna Polski, Tom 5, Chrysophyta I, p. 568, fig. 1094, 1968; Starmach, Süßwasserflora von Mitteleuropa, Band 1, Chrysophyceae und Haptophyceae, p. 97, fig. 166, 1985; 魏印心，山西大学学报(自然科学版)，**17**(1): 62, fig. 13, 1994.

囊壳卵形，上部和下部渐狭，淡黄色，前端略狭处不增厚，孔口较宽，平截，原生质体卵形至椭圆形，前端具 1 条鞭毛，约为囊壳的 2 倍长，色素体周生，带状，黄绿色，眼点 1 个。囊壳长 7.5-8μm，宽 6-6.5μm。

生境：溪流、水库、水池。

国内分布：山西(宁武)，安徽(怀宁)，河南(舞钢、新乡)，内蒙古(呼和浩特)，山东(滨州、青岛)，湖北(武汉)。

国外分布：欧洲(波兰、荷兰、罗马尼亚)，北美洲(美国)。

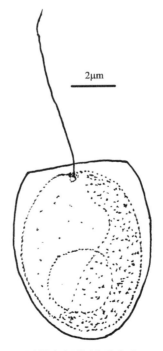

2μm

图 90　浮游金杯藻(仿魏印心, 1994)

Fig. 90　*Kephyrion planctonicum* Hilliard(after Wei, 1994)

Ⅳ. 假金杯藻属 **Pseudokephyrion** Pascher

Pascher, Die Süsswasserflora Deutschlands, Österreichs und der Schweizland, vol. 2, p. 61, 1913.

　　植物体为单细胞，原生质体外具囊壳，囊壳烧瓶状，囊壳壁平滑或具环状花纹，无色至褐色，其前端具 1 个宽的开口，原生质体充满囊壳，2 条不等长鞭毛从囊壳前端开口伸出，色素体周生，片状，1 个，金黄色，常具 1 个眼点，细胞核 1 个，具金藻昆布糖和颗粒状油滴。

　　营养繁殖为囊壳内的原生质体纵分裂成 2 个，其中的 1 个从囊壳逸出，形成新个体。有性生殖为同配。

　　一般生长在小水体中，较常见。

　　本属有 33 种。中国报道 1 种 1 变种。

　　模式种：波形假金杯藻 *Pseudokephyrion undulatum*(Klebs)Pascher。

假金杯藻属分种检索表

1. 囊壳近圆柱形 ·· **1. 恩慈假金杯藻 *P. entzii***
1. 囊壳菱形 ·················· **2. 波状假金杯藻菱形变种 *P. undulatissimum* var. *rhombeum***

1. 恩慈假金杯藻

Pseudokephyrion entzii Conrad, Bulletin du Musée Royale d'Histoire naturelle de Belgique, **15**(41): 6, fig. 25, 1939; Huber-Pestalozzi, Das Phytoplankton des Süßwassers, 2. Teil, 1. Häfte, p. 203, Abb. 270C, 1941; Starmach, Flora Slodkowodna Polski, Tom 5, Chrysophyta I, p. 213, fig. 351, 1968; Starmach, Süßwasserflora von Mitteleuropa, Band 1, Chrysophyceae und Haptophyceae, p. 273, fig. 554, 1985; 李瑾等, 浙江农业学报, **10**(3): 126, 1998; Kristiansen et Preisig, in John et al., The Freshwater Algal Flora of the British Isles, p. 317, 2011.

Kephyriopsis entzii(Conrad)Fott, Nova Hedwigta, **1**: 115, 1959.

　　囊壳近圆柱形，下部钝圆，上部略膨大具有环纹，前端孔口收缢，囊壳呈黄褐色，细胞卵形，充满整个囊壳，具 2 条鞭毛，其中一条很短。

　　生境：水坑。

　　国内分布：浙江(杭州、临安)。

　　国外分布：亚洲(塔吉克斯坦)，欧洲(比利时、丹麦、德国、荷兰、挪威、瑞典、斯洛伐克、匈牙利、英国)，北美洲(加拿大)，大洋洲(澳大利亚)。

　　据李瑾等(1998)报道，本种在我国浙江的杭州和临安有分布，但没有附图。

2. 波状假金杯藻菱形变种　　图 91

Pseudokephyrion undulatissimum Scherffel var. **rhombeum** Shi, in 魏印心等, 见: 施之新等, 西南地区藻类资源考察专集, p. 367, pl. 1, fig. 3, 4, 1994.

　　囊壳菱形，下部钝圆，上部略膨大，具有环纹，前端孔口有时开展状，囊壳呈黄褐色，细胞卵形，具 2 条鞭毛，其中一条很短。囊壳长 10-13μm，宽 8-9μm。

生境：水坑。

国内分布：四川（道孚、九寨沟）。

国外分布：未见报道。

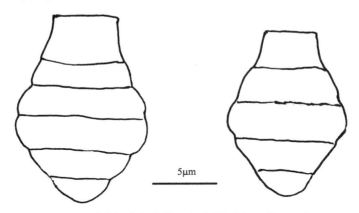

图 91　波状假金杯藻菱形变种（仿魏印心等，1994）

Fig. 91　*Pseudokephyrion undulatissimum* Scherffel var. *rhombeum* Shi（after Wei et al., 1994）

V. 斯特克藻属 Stokesiella Lemmermann

Lemmermann, in Lemmermann, Kryptogamenflora der Mark Brandenburg und Angrenzender Gebiete Herausgegeben von dem Botanishcen Verein der Provinz Brandenburg, vol. 3, p. 373, 1908b.

植物体为单细胞或群体，可自由游动或以细的胶质柄固着在其他基物上，细胞无色，有囊壳，具 2 条不等长鞭毛，具 2 个收缩泡，原生质体通过细胞质丝形成的柄与花瓶状的囊壳相连接。

营养繁殖为囊壳内的原生质体纵分裂成 2 个，其中的 1 个从囊壳逸出，形成新个体。

一般生长在小水体中。

本属有 5 种。中国报道 2 种。

模式种：*Stokesiella cuminate*（Stokes）Lemmermann。

斯特克藻属分种检索表

1. 囊壳近圆柱形 ··· **1. 纤细斯特克藻 *S. lepteca***

1. 囊壳卵形 ··· **2. 微小斯特克藻 *S. minutissima***

1. 纤细斯特克藻　图 92

Stokesiella lepteca（Stokes）Lemmermann, in Lemmermann, Kryptogamenflora der Mark Brandenburg und Angrenzender Gebiete Herausgegeben von dem Botanishcen Verein der Provinz Brandenburg, vol. 3, p. 374, 1908b; Starmach, Flora Slodkowodna Polski, Tom 5, Chrysophyta I, p. 206, fig. 338, 1968; Starmach, Chrysophyceae, p. 370, fig. 515,

1980; Starmach, Süßwasserflora von Mitteleuropa, Band 1, Chrysophyceae und Haptophyceae, p. 265, fig. 537, 1985; Yamagishi, Plankton Algae in Taiwan, p. 21, pl.6, fig. 7, 1992; Pang et al., Nova Hedwigia, **148**: 49, fig. 24, 2019.

Bicosoeca lepteca Stokes, American Journal of Science, **29**: 314, pl. 3, f. 2, 1885.

　　单细胞，附生，囊壳近圆柱形，开口略窄，后端具一细小的柄，原生质体卵形，不充满囊壳。囊壳长 12-22μm，宽 5-8μm，柄长 5-8μm。

　　生境：鱼塘、水池、沼泽。

　　国内分布：北京，内蒙古（大兴安岭），广东（广州），台湾（高雄、桃园）。

　　国外分布：欧洲（罗马尼亚），北美洲（美国），南美洲（巴西），大洋洲（新西兰）。

10μm

图 92　纤细斯特克藻（自 Pang et al., 2019）

Fig. 92　*Stokesiella lepteca*（Stokes）Lemmermann（from Pang et al., 2019）

2. 微小斯特克藻　图 93

Stokesiella minutissima Fott, Archiv für Protistenkunde, **93**: 352, fig. 2, 1940; Starmach, Flora Slodkowodna Polski, Tom 5, Chrysophyta I, p. 205, fig. 336, 1968; Starmach, Chrysophyceae, p. 369, fig. 517, 1980; Starmach, Süßwasserflora von Mitteleuropa, Band 1, Chrysophyceae und Haptophyceae, p. 265, fig. 539, 1985; Pang et al., Nova Hedwigia, **148**: 52, fig. 25, 2019.

　　单细胞，附生，囊壳卵形，后端宽圆，具一纤细短柄，原生质体卵形，易变形。囊壳长 8-8.5μm，宽 5μm，柄长 1-2μm。

　　生境：沼泽。

　　国内分布：内蒙古（大兴安岭）。

　　国外分布：欧洲（德国）。

10μm

图 93　微小斯特克藻（自 Pang et al., 2019）

Fig. 93　*Stokesiella minutissima* Fott（from Pang et al., 2019）

VI. 尖钟藻属 **Stylopyxis** Bolochonzew

Bolochonzew, in Anon, Lake Ladoga as a Water Supply Ssource for the City of S. Petersburg. Sanitary Part. Commision on Surveys and Studies of Lake Ladoga and Its Key Sources, p. 171, 1911.

植物体为单细胞，其基部以细长的柄附着于丝状藻类等基质上。细胞具囊壳，椭圆形、长卵形、圆锥形或钟形，前端呈圆形或喇叭状开口，后端锥形，原生质体椭圆形，着生于囊壳的底部，具 2 条不等长的鞭毛，从囊壳前端伸出，具 2 个伸缩泡，色素体周生，片状，2 个，棕黄色，无眼点。

本属有 5 种。中国报道 1 种。

模式种：椭圆附钟藻 *Stylopyxis mucicola* Bolochonzew。

1. 布鲁克尖钟藻　图 94

Stylopyxis bolochonzevi Skvortzov, Bulletin of the Herbarium of North-Eastern Forestry Academy（Harbin），**3**: 49, pl. 14, fig. 9-15, 1961.

单细胞，囊壳椭圆形或长卵形，无色或淡棕色，前端略狭窄，后端规则地逐渐尖细，以细长的柄着生于基质上，原生质体椭圆形。囊壳长 25-40μm，宽 10-15μm，柄为体长的 1/2-2/3。

生境：附着于冷水中的丝状藻体上。

国内分布：黑龙江（哈尔滨）。

国外分布：未见报道。

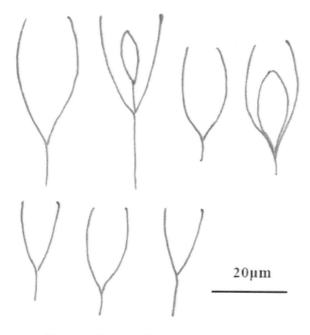

图 94　布鲁克尖钟藻（仿 Skvortzov, 1961）
Fig. 94　*Stylopyxis bolochonzevi* Skvortzov（after Skvortzov, 1961）

VII. 拟乌龙藻属 Woronichiniella Skvortzov

Skvortzov, Bulletin of the Herbarium of North-Eastern Forestry
Academy（Harbin）, **3**: 34, 1961.

　　植物体为单细胞，自由运动或着生，质膜外无囊壳，具有加厚的无色胶被，正面观呈五边形，侧面观侧扁，1 条长鞭毛从囊壳前端伸出，约等于体长，色素体周生，片状，1 个，黄绿色，无眼点，细胞核 1 个，位于细胞中部。

　　繁殖方式不详。

　　生长在淡水中，不常见。

　　本科仅 1 种。中国报道 1 种。

　　模式种：五角拟乌龙藻 *Woronichiniella pentagona* Skvortzov。

1. 五角拟乌龙藻　图 95

Woronichiniella pentagona Skvortzov, Bulletin of the Herbarium of North-Eastern Forestry
Academy（Harbin）, **3**: 34, pl. 8, fig. 22, 23, 1961.

　　特征同属。细胞直径 7.4-8μm。

　　生境：水池。

　　国内分布：黑龙江（哈尔滨）。

　　国外分布：未见报道。

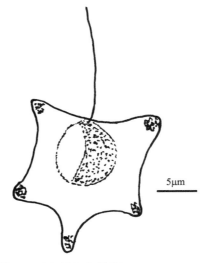

图 95　五角拟乌龙藻（仿 Skvortzov, 1961）

Fig. 95　*Woronichiniella pentagona* Skvortzov（after Skvortzov, 1961）

二、蛰居金藻目
HIBBERDIALES

植物体为单细胞或群体，细胞具囊壳，自由游动或着生于基质上。原生质体充满或不充满囊壳，细胞顶端具细丝状伪足或无，有的种类具 2 条不等长的鞭毛，具 1 个或 2 个伸缩泡，色素体周生，片状，1-2 个，细胞核 1 个，同化产物为颗粒状金藻昆布糖。

细胞以纵分裂进行营养繁殖。无性生殖形成游动孢子或静孢子。

多数种类为淡水产，少数为海产。

本目有 3 科。中国报道 1 科。

（一）金柄藻科
STYLOCOCCACEAE

植物体为单细胞，具囊壳，卵形、卵圆形、长圆形或瓶形，基部具 2 个尖头状突起，着生于基质上，原生质体充满或不充满囊壳，顶端伸出一分叉的细丝状伪足，具 1-2 个伸缩泡，色素体周生，片状，1-2 个，细胞核 1 个，金藻多糖呈颗粒状。

营养繁殖为细胞进行纵分裂。无性生殖为原生质体分裂形成 2 条鞭毛的游动孢子，也有形成球形静孢子的。

多生于淡水中。

本科报道 20 多属。中国报道 3 属。

模式属：金柄藻属 *Stylococcus* Chodat。

I. 双角藻属 **Bitrichia** Woloszynska

Woloszynska, Sprawozdania z Posiedzen Towarzystwa Naukowego

Warszawskiego, Wydzial II, **7**: 22, 1914.

植物体为单细胞，原生质体外具囊壳，透明，球形、椭圆形、纺锤形或肾形，顶部具 1 领状突起，囊壳的侧面具 2 条、少数具 3 条细长的锥形刺，为囊壳的数倍长，原生质体充满囊壳，纤细分枝的原生质丝从囊壳顶端的领孔伸出，有的种类具 2 个伸缩泡，色素体周生，片状，1-2 个，金褐色，细胞核 1 个，无眼点，金藻昆布糖呈颗粒状。

营养繁殖为细胞纵分裂。无性生殖为原生质体分裂成 2 个子原生质体，其中的 1 个逸出母体囊壳，再分泌 1 个新囊壳形成新个体，少数 2 个子原生质体均从囊壳逸出，各自形成新个体。

一般生长在贫营养的池塘和湖泊中，浮游。

本属有 7 种。我国报道 2 种。

模式种：禾氏双角藻 *Bitrichia wolhynica* Woloszynica。

1. 柯氏双角藻　图 96，图版 VI: 9

Bitrichia chodatii (Reverdin) Chodat, in Chodat et al., Bulletin de la Société Botanique de Genève, série 2, **17**: 160, 1926; Starmach, Flora Slodkowodna Polski, Tom 5, Chrysophyta I, p. 436, fig. 838, 1968; Starmach, Süßwasserflora von Mitteleuropa, Band 1, Chrysophyceae und Haptophyceae, p. 406, fig. 852, 1985; Dillard, Bibliotheca Phycologica, **112**: 8, pl. 1, fig. 8, 2007; 冯佳，谢树莲，植物研究，**30**: 658, 2010; Kristiansen et Preisig, in John et al., The Freshwater Algal Flora of the British Isles, p. 306, pl. 80, fig. J, 2011.

Diceras chodati Reverdin, Bulletin de la Société Botanique de Genève, series 2, 9: 47, fig. A-D, 1917.

植物体单细胞，原生质体外的囊壳卵形，前部较宽，有时有一些小的凸起，有 1-2 条鞭毛，囊壳侧面具有 2 条不等长的锥形刺，呈 30°-180° 的角。细胞长 13.5-22μm，宽 5.8-20μm，长刺为 40-45μm 长，短刺为 20-24μm 长。

生境：水库、池塘等。

国内分布：山西(长治、大同、广灵、太原)，江苏(无锡)。

国外分布：亚洲(以色列)，欧洲(丹麦、德国、荷兰、挪威、斯洛伐克、瑞典、瑞士、西班牙、英国)，北美洲(加拿大、美国)。

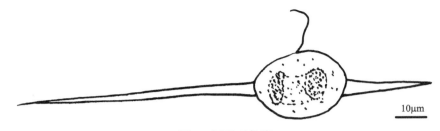

图 96 柯氏双角藻

Fig. 96 *Bitrichia chodatii* (Reverdin) Chodat

2. 肾形双角藻　图 97，图版 VI: 10

Bitrichia phaseolus (Fott) Fott, Nova Hedwigia, **6**: 115, 1959; Starmach, Flora Slodkowodna Polski, Jom 5, Chrysophyta I, p. 438, fig. 843, 1968; 胡鸿钧等，中国淡水藻类，p. 111, pl. 27, fig. 10, 1980; Starmach, Süβwasserflora von Mitteleuropa, Band 1, Chrysophyceae und Haptophyceae, p. 407, fig. 854, 1985.

Diceras phaseolus Fott, Vestnik Král. Ceske Spolecn. Nauk, **2**: 1, 1936.

植物体单细胞，原生质体外的囊壳椭圆形或肾形，顶部具 1 个短的领状突起，囊壳两侧各具 1 条细长的锥形刺，等长，具 2 个伸缩泡，色素体周生，片状，1-2 个，黄褐色，金藻昆布糖呈颗粒状。细胞长 14-20μm，宽 20-21μm，刺长 40-41μm。

营养繁殖为原生质体分裂形成新个体。

生境：水坑、池塘、湖泊。

国内分布：山西(长治、晋城、朔州)，黑龙江(哈尔滨)，台湾。

国外分布：欧洲(德国、芬兰、斯洛伐克)，北美洲(加拿大)。

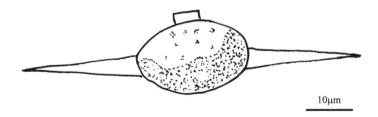

图 97　肾形双角藻

Fig. 97 *Bitrichia phaseolus* (Fott) Fott

II. 金钟藻属(金盒藻属) Chrysopyxis Stein

Stein, Der Organismus Der Infusionsthiere III, Hälfte I, p. 62, 1878.

植物体为单细胞，原生质体外具囊壳，卵形、卵圆形、长圆形或瓶形，上部为颈状或为短的突起，顶端伸出一分叉的细丝状伪足，基部具 2 个尖头状的环形突起环绕于基质上，原生质体充满或不充满囊壳，色素体周生，片状，1-2 个，细胞核 1 个，具 2 个基部伸缩泡，金藻昆布糖呈颗粒状。

营养繁殖为细胞纵分裂。无性生殖为原生质体分裂形成具 1 条鞭毛的游动孢子，也有的形成静孢子。

一般附着于丝状藻类藻体上。

本属有 12 种。中国报道 4 种。

模式种：双足金钟藻 *Chrysopyxis bipes* Stein。

金钟藻属分种检索表

1. 狭口金钟藻（细口金钟藻）　图 98

Chrysopyxis stenostoma Lauterborn, Zoologischer Anzeiger, **38**: 48, 1911; Starmach, Flora Slodkowodna Polski, Tom 5, Chrysophyta I, p. 251, fig. 452, 1968; Starmach, Süßwasserflora von Mitteleuropa, Band 1, Chrysophyceae und Haptophyceae, p. 401, fig. 837, 1985; 李尧英等, 西藏藻类, p. 398, pl. 80, fig. 11, 12, 1992; Dillard, Bibliotheca Phycologica, **112**: 15, pl. 3, fig. 2, 2007; Kristiansen et Preisig, in John et al., The Freshwater Algal Flora of the British Isles, p. 306, pl. 80, fig. M, 2011; Pang et al., Nova Hedwigia, **148**: 49, fig. 33, 34, 2019.

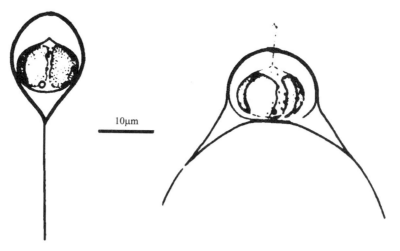

10μm

图 98　狭口金钟藻（自李尧英等，1992）

Fig. 98　*Chrysopyxis stenostoma* Lauterborn（from Li et al., 1992）

囊壳卵圆形，前端逐渐狭窄，孔口平截，基部两侧呈脚状突起，突起的尖端可延伸呈细而长的箍形，并以此围绕在其他丝状藻类上，色素体周生，片状，2 个，位于两侧。囊壳长（不包括基部脚状突起的延伸部分）18-18.5μm，正面观宽 14-14.5μm，侧面观宽 11-11.5μm。

生境：沼泽。

国内分布：内蒙古（大兴安岭），西藏（林芝）。

国外分布：欧洲（俄罗斯、斯洛伐克、西班牙、英国），北美洲（加拿大）。

2. 长颈金钟藻　图 99

Chrysopyxis colligera Scherffel, Archiv für Protistenkunde, **57**: 332, pl. 15, fig. 1, 2, 1927; Starmach, Flora Slodkowodna Polski, Tom 5, Chrysophyta I, p. 252, fig. 458, 1968; Starmach, Chrysophyceae, p. 551, fig. 798, 1980; Starmach, Süßwasserflora von Mitteleuropa, Band 1, Chrysophyceae und Haptophyceae, p. 403, fig. 844, 1985; Pang et al., Nova Hedwigia, **148**: 52, fig. 31, 2019.

囊壳瓶形或卵圆锥形，前端具 1 管状长颈，颈口平截，从口中伸出 1 细丝状伪足，基部呈足状突起，着生在其他丝状藻类表面，色素体周生，片状，1 个。囊壳长（不包括基部脚状突起的延伸部分）10-14.5μm，宽 6.6-7.2μm，颈长 4μm。

生境：沼泽。

国内分布：内蒙古（大兴安岭）。

国外分布：欧洲（斯洛伐克），南美洲（巴西）。

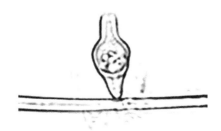

10μm

图 99　长颈金钟藻（自 Pang et al., 2019）

Fig. 99　*Chrysopyxis colligera* Scherffel（from Pang et al., 2019）

3. 伊万诺夫金钟藻　图 100

Chrysopyxis iwanoffii Lauterborn, Zoologischer Anzeiger, **38**: 48, 1911; Pascher, in Pascher et Lemmermann, Die Süsswasserflora Deutschlands, Österreichs und der Schweiz, Heft 2, p. 30, fig. 46, 1913; Starmach, Flora Slodkowodna Polski, Tom 5, Chrysophyta I, p. 253, fig. 460, 1968; Starmach, Süßwasserflora von Mitteleuropa, Band 1,

Chrysophyceae und Haptophyceae, p. 403, fig. 847, 1985; 李尧英等, 西藏藻类, p. 398, pl. 80, fig. 9, 10, 1992; Pang et al., Nova Hedwigia, **148**: 49, fig. 32, 2019.

囊壳卵形或长圆形，前端具1管状短颈，颈口平截，基部两侧呈脚状突起，突起的尖端可延伸呈细长的箍形，并以此围绕在其他丝状藻类上，色素体周生，片状，2个，位于两侧。囊壳长(不包括基部脚状突起的延伸部分)11.5-16μm，正面观宽8-11.5μm，侧面观宽7-10.5μm。

生境：沼泽、水坑。

国内分布：内蒙古(大兴安岭)，西藏(林芝)。

国外分布：欧洲(罗马尼亚、斯洛伐克)，北美洲(加拿大)，南美洲(阿根廷)，大洋洲(新西兰)。

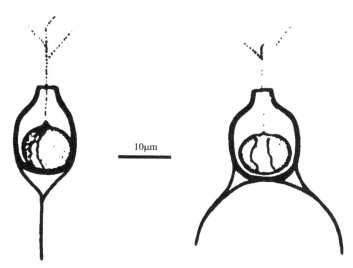

图100　伊万诺夫金钟藻(自施之新，1992)

Fig. 100　*Chrysopyxis iwanoffii* Lauterborn (from Shi, 1992)

4. 双足金钟藻　图101

Chrysopyxis bipes Stein, Der Organismus Der Infusionsthiere III, Hälfte I, p. 62, pl. 12, fig. 12, 13, 1878; Starmach, Flora Slodkowodna Polski, Tom 5, Chrysophyta I, p. 253, fig. 461, 1968; Starmach, Chrysophyceae, p. 553, fig. 802, 1980; King, Transactions of the American Microscopical Society, **103**: 317, 1984; Starmach, Süßwasserflora von Mitteleuropa, Band 1, Chrysophyceae und Haptophyceae, p. 403, fig. 848, 1985; Dillard, Bibliotheca Phycologica, **112**: 15, pl. 3, fig. 1, 2007; Pang et al., Nova Hedwigia, **148**: 49, fig. 29, 30, 2019.

囊壳瓶形，前端具1管状短颈，颈口平截，从口中伸出1细丝状伪足，基部两侧呈足状突起，突起的尖端可延伸呈细长的箍形环状体，并以此围绕在其他丝状藻体上，色素体周生，片状，1个。囊壳长(不包括基部脚状突起的延伸部分)8.5-16μm，正面观宽8-11.5μm，侧面观宽5.5-7.5μm。

生境：沼泽、河流。

国内分布：内蒙古(大兴安岭)，四川(金沙江)。

国外分布：亚洲(印度)，欧洲(俄罗斯、斯洛伐克、西班牙)，北美洲(加拿大、美国)，大洋洲(新西兰)。

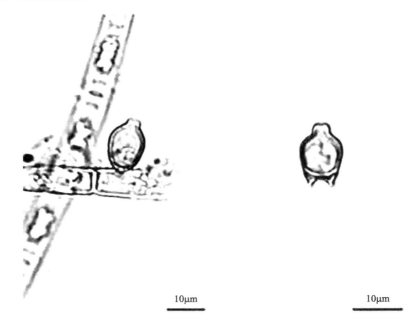

10μm   10μm

图 101   双足金钟藻(自 Pang et al., 2019)

Fig. 101   *Chrysopyxis bipes* Stein (from Pang et al., 2019)

III. 金瓶藻属 Lagynion Pascher

Pascher, Berichte der deutsche botanischen Gesellschaft, **30**: 155, 1912b.

植物体为单细胞或几个细胞聚集成群，以一侧附着于基质上，原生质体外具囊壳，呈球形、瓶形或哑铃形，上部或为狭长颈状或为短的凸起，顶端具开口，底部平或钝圆形，透明或呈褐色，原生质体充满或不充满囊壳，长线性的伪足从囊壳前端的开口伸出，色素体 1-2 个，无眼点，后部具 1-2 个伸缩泡。

营养繁殖为细胞纵分裂，其中一个子细胞离开囊壳，固着在合适的基质上后，发育出新的囊壳。

一般着生于丝状藻类或其他藻体上，生长在湖泊、池塘等，特别是偏酸性的水体中。

本属有 15 种。中国报道 6 种。

模式种：谢尔夫金瓶藻 *Lagynion scherffelii* Pascher。

金瓶藻属分种检索表

1. 囊壳葫芦形至球形或椭圆形 ·· 2
1. 囊壳半球形、扁卵形、锥瓶形或烧瓶形 ·· 3
  2. 囊壳前端具 1 个细长的颈 ··· **1. 细颈金瓶藻 L. ampullaceum**
  2. 囊壳前端呈短领状 ··················· **2. 球形金瓶藻椭圆变种 L. globosum var. ellipticum**

1. 细颈金瓶藻　图 102

Lagynion ampullaceum(Stokes)Pascher, Berichte der deutsche botanischen Gesellschaft, **30**: 152, 1912b; Pascher, in Pascher et Lemmermann, Die Süsswasserflora Deutschlands, Österreichs und der Schweizland, Heft 2, p. 94, fig. 147, 1913; Starmach, Flora Slodkowodna Polski, Tom 5, Chrysophyta I, p. 428, fig. 817, 1968; Starmach, Süßwasserflora von Mitteleuropa, Band 1, Chrysophyceae und Haptophyceae, p. 395, fig. 815, 1985; 魏印心，山西大学学报（自然科学版），**17**: 62, fig. 7, 1994; Dillard, Bibliotheca Phycologica, **112**: 9, pl. 1, fig. 9, 2007; Kristiansen et Preisig, in John et al., The Freshwater Algal Flora of the British Isles, p. 308, pl. 80, fig. N, 2011.

Chrysopyxis ampullacea Stokes, Proceedings of the American Philosophical Society, **23**: 562, 1886.

囊壳葫芦形至球形，前端具 1 个长圆柱形的细颈，底部平圆形，原生质体球形，不充满囊壳，色素体周生，片状，1 个，线形伪足从囊壳顶部伸出后呈分叉状。囊壳长 7-7.5μm，宽 5-5.5μm，颈部长 2-2.5μm，原生质体直径 3-3.5μm。

生境：湖泊。

国内分布：湖北（武汉），台湾。

国外分布：亚洲（日本），欧洲（俄罗斯、罗马尼亚、斯洛伐克、西班牙、英国），北美洲（美国），南美洲（巴西），大洋洲（澳大利亚、新西兰）。

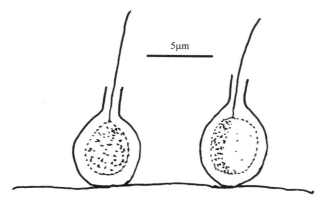

图 102　细颈金瓶藻（仿魏印心，1994）

Fig. 102　*Lagynion ampullaceum*(Stokes)Pascher (after Wei, 1994)

2. 球形金瓶藻椭圆变种　图 103

Lagynion globosum Mack var. **ellipticum** Shi, in 魏印心等，见：施之新等，西南地区藻

类资源考察专集, p. 366, pl. 1, fig. 5, 1994.

囊壳卵圆形或椭圆形, 前端具 1 短领, 底部圆形, 原生质体几乎充满囊壳, 色素体周生, 片状, 2 个, 线形伪足从囊壳顶部伸出。囊壳长 13-18μm, 宽 9-10μm, 领高 1.5-2μm, 宽约 3μm。

本变种与原变种的区别是囊壳较大, 领短, 原生质体几乎充满囊壳。

生境: 小水坑, 个体附生于空球藻 *Eudorina elegans* 群体的细胞上。

国内分布: 四川(康定)。

国外分布: 未见报道。

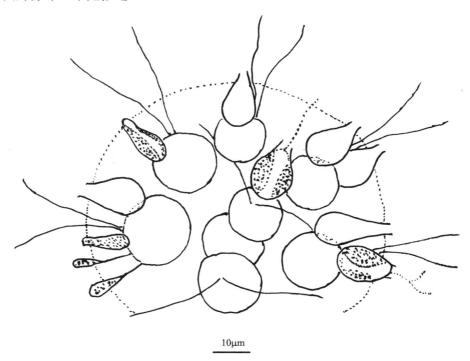

10μm

图 103　球形金瓶藻椭圆变种(仿魏印心等, 1994)

Fig. 103　*Lagynion globosum* Mack var. *ellipticum* Shi (after Wei et al., 1994)

3. 缶形金瓶藻　图 104

Lagynion urceolatum Shi, Acta Phytotaxonomica Sinica, **35**: 270, fig. 2: 1-4, 1997.

囊壳扁缶形, 两侧常不对称, 一侧略高, 另一侧略低, 侧边平斜或呈弧形, 前端突出呈一低领状, 领口周围具一圈颗粒, 后端平直, 紧贴基质, 原生质体卵圆形, 不充满囊壳, 线形伪足从囊壳顶部伸出后呈分叉状, 色素体周生, 片状, 1 个, 金藻昆布糖小颗粒状。囊壳长 6-8μm, 宽 7-10μm。

生境: 湖泊。

国内分布: 湖北(鄂州)。

国外分布: 未见报道。

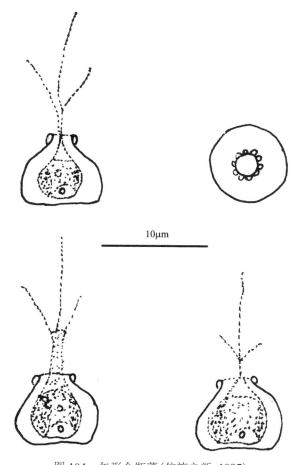

图 104　缶形金瓶藻（仿施之新, 1997）

Fig. 104　*Lagynion urceolatum* Shi（after Shi, 1997）

4. 长颈金瓶藻　图 105

Lagynion macrotrachelum（Stokes）Pascher, Berichte der deutsche botanischen Gesellschaft **30**: 155, 1912b; Starmach, Flora Slodkowodna Polski, Tom 5, Chrysophyta I, p. 432, fig. 830, 1968; Starmach, Süßwasserflora von Mitteleuropa, Band 1, Chrysophyceae und Haptophyceae, p. 398, fig. 829, 1985; Yamagishi, Plankton Algae in Taiwan, p. 20, pl. 6, fig. 3, 1992; Dillard, Bibliotheca Phycologica, **112**: 9, pl. 1, fig. 10, 2007; Kristiansen et Preisig, in John et al., The Freshwater Algal Flora of the British Isles, p. 308, pl. 80, fig. O, 2011.

Chrysopyxis macrotrachela Stokes, American Monthly Microscopical Journal, 8: 126, 1886.

　　囊壳为烧瓶状，前端具有长圆柱形的颈，开口处略扩大，底部平，原生质充满囊壳，色素体周生，片状，1 个，线形伪足从囊壳顶部伸出后呈分叉状。囊壳直径 7-10μm，颈长 4-8μm。

　　生境：鱼塘。

　　国内分布：台湾（新北）。

国外分布：亚洲(日本)，欧洲(荷兰、西班牙、英国)，北美洲(加拿大、美国)，南美洲(巴西)，大洋洲(澳大利亚)。

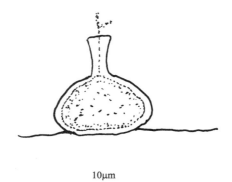

图 105　长颈金瓶藻(仿 Yamagishi, 1992)

Fig. 105　*Lagynion macrotrachelum*（Stokes）Pascher（after Yamagishi, 1992）

5. 谢尔夫金瓶藻　图 106

Lagynion scherffelii Pascher, Berichte der deutsche botanischen Gesellschaft, **30**: 155, pl. 6, fig. 5, 1912b; Starmach, Flora Slodkowodna Polski, Tom 5, Chrysophyta I, p. 432, fig. 829, 1968; Starmach, Süßwasserflora von Mitteleuropa, Band 1, Chrysophyceae und Haptophyceae, p. 398, fig. 828, 1985; 李尧英等, 西藏藻类, p. 398, pl. 80, fig. 13, 14, 1992; Dillard, Bibliotheca Phycologica, **112**: 9, pl. 1, fig. 12, 2007; Kristiansen et Preisig, in John et al., The Freshwater Algal Flora of the British Isles, p. 308, pl. 80, fig. P, 2011; Pang et al., Nova Hedwigia, 148: 49, fig. 11, 2019.

囊壳扁卵形或锥瓶形，前端具 1 个较短的圆柱形的颈，开口处略扩大，底部平，线形伪足从囊壳前端的开口伸出，颈部偏斜，色素体周生，片状，2 个。囊壳长 7.5-12μm，宽 6.3-9.5μm，颈部长 2-4μm。

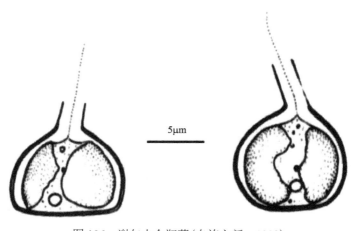

图 106　谢尔夫金瓶藻(自施之新，1992)

Fig. 106　*Lagynion scherffelii* Pascher（from Shi, 1992）

生境：沼泽、河流。

国内分布：内蒙古（大兴安岭），黑龙江（哈尔滨），西藏（林芝），台湾。

国外分布：亚洲（日本），欧洲（俄罗斯、斯洛伐克、罗马尼亚、英国），北美洲（美国）。

6. 纤弱金瓶藻 图 107

Lagynion delicatulum Skuja, Nova Acta Regiae Societatis Scientiarum Upsaliensis, Series 4, **18** (3): 313, 1964; Starmach, Chrysophyceae, p. 544, fig. 784, 1980; Starmach, Süßwasserflora von Mitteleuropa, Band 1, Chrysophyceae und Haptophyceae, p. 398, fig. 830, 1985; O'Kelly & Wujek, European Journal of Phycology, **36**: 51, fig. 1-45, 2001; Pang et al., Nova Hedwigia, **148**: 52, fig. 26, 27, 2019.

囊壳半球形，壁薄，透明或浅黄色，前端具 1 个长圆柱形的细颈，底部平坦，附在丝状藻类表面，原生质体半球形，充满囊壳，橄榄色或金黄色。囊壳长 4μm，宽 9-10μm，颈部长 3-4μm。

生境：沼泽。

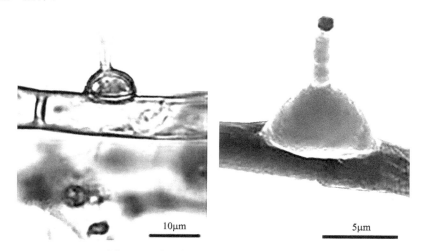

图 107　纤弱金瓶藻（自 Pang et al., 2019）

Fig. 107　*Lagynion delicatulum* Skuja （from Pang et al., 2019）

国内分布：内蒙古（大兴安岭）。

国外分布：欧洲（瑞典），大洋洲（新西兰）。

参 考 文 献

包文美, 王全喜, 施心路. 1989. 松花江高楞: 依兰江段浮游藻类调查. 哈尔滨师范大学自然科学学报, 5 (1): 75-93.

杜桂森, 王建厅, 武殿伟, 赵盼, 张为华, 刚永运. 2001. 密云水库的浮游植物群落结构与密度. 植物生态学报, 25 (4): 501-504.

冯佳, 谢树莲. 2010. 山西省金藻植物新纪录. 植物研究, 30 (6): 651-659.

胡鸿钧, 李尧英, 魏印心, 朱惠忠, 陈嘉佑, 施之新. 1980. 中国淡水藻类. 上海: 上海科学技术出版社: 525.

胡鸿钧, 魏印心. 2006. 中国淡水藻类: 系统、分类及生态. 北京: 科学出版社: 1023.

胡晓红, 陈椽, 李银燕, 向刚, 刘美珊. 1999. 以浮游植物评价百花湖水质污染及富营养化. 贵州师范大学学报(自然科学版), 17(4): 1-7.

李瑾, 吴洁, 巩兵, 李东平, 王进. 1998. 浙江青山水库浮游植物群落结构的研究初报. 浙江农业学报, 10 (3): 122-127.

李晓波, 许夏玲, 陈德辉, 王全喜. 2009. 上海滴水湖小色金藻种群变化. 上海师范大学学报 (自然科学版), 38 (2): 193-196.

李尧英, 魏印心, 施之新, 胡鸿钧. 1992. 西藏藻类. 北京: 科学出版社: 509.

庞婉婷, 庄婧宜, 王全喜. 2016. 内蒙古阿尔山国家地质公园金藻中国新记录属. 西北植物学报, 36 (4): 831-933.

饶钦止, 朱惠忠, 李尧英. 1974. 珠穆朗玛峰地区的藻类. 见: 珠穆朗玛峰地区科学考察报告 1966-1968 (生物与高山生理). 北京: 科学出版社: 92-126.

饶钦止. 1962. 五里湖 1951 年湖泊学调查、三、浮游植物. 水生生物学集刊, 1: 74-92.

沈蕴芬, 章宗涉, 龚循矩, 顾曼如, 施之新, 魏印心. 1990. 微型生物监测新技术. 北京: 中国建筑工业出版社: 119-151.

施之新, 魏印心, 李尧英. 1994. 武陵山区红藻、隐藻、甲藻、金藻、黄藻、绿胞藻和轮藻的初步调查. 见: 施之新, 魏印心, 陈嘉佑, 李尧英, 朱惠忠, 李仁辉, 姚勇. 西南地区藻类资源考察专集. 北京: 科学出版社: 210-221.

施之新. 1997. 中国金藻门植物的新种类. 植物分类学报, 35 (3): 269-272.

施之新. 1998. 金藻门植物一新属. 水生生物学报, 22 (3): 299-300.

魏印心, 施之新, 李尧英. 1994. 横断山区的红藻门、甲藻门、金藻门、黄藻门和轮藻门植物. 见: 施之新, 魏印心, 陈嘉佑, 李尧英, 朱惠忠, 李仁辉, 姚勇. 西南地区藻类资源考察专集. 北京: 科学出版社: 361-370.

魏印心. 1994. 中国金藻新记录. 山西大学学报(自然科学版), 17 (1): 60-64.

魏印心. 1995. 鼓藻属一新种及其它藻类中国新记录种. 见: 陈宜瑜, 许蕴玕. 水生生物资源的利用与保护 (下篇). 北京: 科学出版社: 355-361.

魏印心. 2018. 中国淡水藻志 (第 21 卷, 金藻门 II). 北京: 科学出版社: 179.

谢树莲, 冯佳. 2007. 中国淡水金藻门植物研究进展. 世界科技研究与发展, 29 (6): 1-6.

朱婉嘉. 1966. 广州康乐地区主要浮游藻类的研究. 中山大学学报, 1: 81-101.

Agardh CA. 1824. Systema algarum. Lundae: Literis Berlingianis, XXXVIII: 312.

Andersen RA, Mulkey TJ. 1983. The occurrence of chlorophylls c1 and c2 in the Chrysophyceae. Journal of

Phycology, 19: 289-294.

Andersen RA, van de Peer Y, Potter D, Sexton JP, Kawachi M, LaJeunesse T.1999. Phylogenetic analysis of the SSU rRNA from members of the Chrysophyceae. Protist, 150: 71-84.

Andersen RA, Woelkerling WJ. 2017. Lectotype designation for *Anthophysa vegetans* (O.F.Müller) F.Stein (Ochromonadales, Chrysophyceae). Notulae Algarum, 22: 1-5.

Andersen RA. 1987. Synurophyceae classis nov., a new class of algae. American Journal of Botany, 74: 337-353.

Andersen RA. 1989. Absolute orientation of the flagellar apparatus of *Hibberdia magna* comb. nov. (Chrysophyceae). Nordic Journal of Botany, 8: 653-669.

Andersen RA. 2004. Biology and systematic of heterokont and haptophyte algae. American Journal of Botany, 91: 1508-1522.

Andersen RA. 2007. Molecular systematic of the Chrysophyceae and Synurophyceae. *In*: Brodie J, Lewis J. Unraveling the Algae. Boca Raton: CRC Press: 285-313.

Anderson RA, Saunders GW, Paskind MP, Sexton JP. 1993. Ultrastructure and 18s rRNA sequence for *Pelagomonas calceolata* gen. et sp. nov. and the description of a new algal class, the Pelagophyceae classis nov. Journal of Phycology, 29: 701-705.

Awerinzew S. 1901. Zur Kenntnis der Protozoen-Fauna in der Umgebung der biologischen Station zu Bologaje. Bericht in die Biologie der Süsswasserfische Königlichen der Naturforschenden Gesellschaft zu Saint Petersburg, 1: 226.

Bachmann H. 1911. Das Phytoplankton des Süsswassers mit Besonderer Berücksichtigung des Vierwaldstättersees. Jena: G. Fischer: 213.

Bachmann M. 1923. Charakterisierung der planktonvegetation des vierwald-stättersees mittels netzfängen und zentrifugenproben. Verhandlungen der Naturforschenden Gesellschaft in Basel, 35: 48-167.

Bailey JC, Bidigare RR, Christensen SJ, Andersen RA. 1998. Phaeothamniophyceae classis nova: a new lineage of chromophytes based upon photosynthetic pigments, *rbc*L sequence analysis and ultrastructure. Protist, 149: 245-263.

Battarbee W, Cronberg G, Lowry S. 1980. Observations on the occurrence of scales and bristles of *Mallomonas* species (Chrysophyceae) in the microlaminated sediments of a small lake in Finnish North Karelia. Hydrobiologia, 71: 225-232.

Beech PL, Wetherbee R, Pickett-Heaps JD. 1990. Secretion and deployment of bristles in *Mallomonas splendens* (Synurophyceae). Journal of Phycology, 26: 112-122.

Beech PL, Wetherbee R. 1990. The flagellar apparat *Mallomonas splendens* (Synurophyceae) at interphase and development during the cell cycle. Journal of Phycology, 26: 95-111.

Belcher JH, Swale EMF. 1972. The morphology and fine structure of the colourless colonial flagellate *Anthophysa vegetans* (O.F. Müller) Stein. British Phycological Journal, 7: 335-346.

Belcher JH. 1969. Some remarks upon *Mallomonas papillosa* Harris and Bradley and *M. caleolus* Bradley. Nova Hedwigia, 18: 257-270.

Bird DE, Kalff J. 1986. Baterial grazing by planktonic algae. Science, 231: 493-495.

Bjørnland T, Liaaen-Jensen S. 1989. Distribution patterns of carotenoids in relation to chromophyte phylogeny and systematic. *In*: Green JC, Leadbeater BSC, Diver WL. The Chromophyte Algae, Problems and Perspectives, Systematics Association Special Vol. 38. Oxford: Clareodon Press: 237-271.

Bolochonzew EN. 1911. Botanical-biological studies of Lake Ladoga. *In*: Anon. Lake Ladoga as a Water Supply Source for the City of S. Petersburg. Sanitary Part. Commision on Surveys and Studies of Lake

Ladoga and Its Key Sources. Saint Petersburg: Municipal Printing House: 171-585.

Booth BC, Marchant HJ. 1987. Parmales, a new order of marine chrysophytes, with descriptions of three new genera and seven new species. Journal of Phycology, 23: 245-260.

Bory de Saint-Vincent JBGM. 1822. Dictionnaire Classique d'histoire Naturelle par Messieurs Audouin. Paris: Rey et Gravier, Baudoin frères: 604.

Bourrelly P, Manguin E. 1954. Contribution à la flore algale d'eau douce des Iles Kerguelen. Mémoires de l'Institut Scientifique de Madagascar, séries B, Biologique Végétale, 5: 5-58.

Bourrelly P. 1957. Recherches sur les Chrysophycées. Revue Algol Mémoire Série, 1: 412.

Bourrelly P. 1965. La Classification des Chrysophycées ses problémes. Revue Algol: 56-60.

Brown HP. 1945. On the structure and mechanism of the protozoan flagellum. Ohio Journal of Science, 45: 247-278.

Brunnthaler J. 1901. Die coloniebildenden *Dinobryon*-Arten. (Sub-genus *Eudinobryon* Lauterborn.). Verhandlungen der Kaiserlich-Königlichen Zoologisch-Botanischen Gesellschaft in Wien, 51: 293-306.

Calkins GN. 1892. On *Uroglena*, a genus of colony building infusoria observed in certain water supplies of Massachusetts. Annual Reports of the State Board of Health of Massachusetts, 23: 647-657.

Caron DA, Lim EL, Dennett MR, Cast RG, Kosman C, DeLong EF.1999. Molecular phylogenetic analysis of the Heterotrophic Chrysophyte genus *Paraphysomonas* (Chrysophyceae), and the design of rRNA-targeted oligonucleotide probes for two species. Journal of Phycology, 35: 824-837.

Cavalier-Smith T, Chao EE. 1996. 18S rRNA sequence of *Heterosigma carterae* (Raphidophyceae), and the phylogeny of heterokont algae (Ochrophyta). Phycologia, 35: 500-510.

Cavaliers-Smith T. 1986. The kingdom Chromista: origin and systematics. Progress in Phycological Research, 4: 309-347.

Chodat PA. 1921. Materiaux pour l'histoire des Algues de la Suisse. Bulletin de la Société Botanique de Genève, 13: 66-114.

Chodat R, Raineri R, Drew K. 1926. Algues de la region du Grand St. Bernard III. Bulletin de la Société Botanique de Genève, série 2, 17: 202-217.

Christensen T. 1962. Alger. *In*: Böcher TW, Lange M, Sorensen T. Systematisk Botanik. Munksgaard, Nr. 2. Copenhagen: Munksgaard: 178.

Christie C, Smol J, Huttunen P, Meriläinen J.1988. Chrysophyte scales recorded from eastern Finland. Hydrobiologia, 161: 237-243.

Cienkowsky L. 1870. Über Palmellaceen und einige Flagellaten. Archiv für Mikroskopische Anatomie, 6: 421-438.

Clasen J, Bernhard H. 1982. A bloom of the Chrysophyceae *Synura uvella* in the Wahnbach reservoir as indicator for the release of phosphates from the sediment. Archiv für Hydrobiologie Beiheft Ergebnisse der Limnologie, 18: 61-68.

Coleman AW, Goff LJ. 1991. DNA analysis of eukaryotic algal species. Journal of Phycology, 27: 463-473.

Conrad W. 1926. Recherches sur les Flagellates des nos eaux saumatres. 2. Chrysomonadines. Archiv für Protistenkunde, 56: 167-231.

Conrad W. 1939. Notes protistologiques. X. Sur le schorre de Lilloo. Bulletin du Musée Royale d'Histoire naturelle de Belgique, 15 (41): 1-18.

Cumming BF, Smol JP, Birks HJB. 1991. The relationship between sedimentary chrysophyte scales (Chrysophyceae and Synurophyceae) and limnological characteristics in 25 Norwegian lakes. Nordic Journal of Botany, 11:231-241.

De Jong R, Kamenik C. 2011. Validation of a chrysophyte stomatocyst-based cold-season climate reconstruction from high-Alpine Lake Silvaplana, Switzerland. Journal of Quaternary Science, 26: 268-275.

Diesing KM. 1866. Revision der Prothelminthen. Abtheilung: Mastigophoren. Sitzungsberichte der Kaiserlichen Akademie der Wissenschaften. Mathematisch-Naturwissenschaftliche Classe. Abt. 1, Mineralogie, Botanik, Zoologie, Anatomie, Geologie und Paläontologie, 52: 287-401.

Dillard GE. 2007. Freshwater algae of the southeastern United States Part 8. Chrysophyceae, Xanthophyceae, Cryptophyceae and Dinophyceae. Bibliotheca Phycologica, 112: 1-127.

Doddema H, van der Veer J. 1983. *Ochromonas momcis* sp. nov., a particle feeder with bacterial endosymbionts. Cryptogamie Algologie, 4: 89-97.

Doflein F. 1923. Untersuchungen über Chrysomonadinen III. Arten von *Chromulina* und *Ochromonas* aus dem badischen Schwarzwald und ihre Cystenbildung. Archiv für Protistenkunde, 46: 267-327.

Dokulil MT, Skolaut C. 1991. Aspects of phytoplankton seasonal succession in Mondsee, Austria, with particular reference to the ecology of *Dinobryon* Ehrenb. Verhandlungen der Internationalen Vereinigung für Limnologie, 24: 968-973.

Domingos P, Menezes M. 1998. Taxonomic remarks on planktonic phytoflagellates in a hypertrophic tropical lagoon (Brazil). Hydrobiologia, 369/370: 297-313.

Dürrschmidt M, Cronberg G. 1989. Contributions to the knowledge of tropical chrysophytes: Mallomonadaceae and Paraphysomonadaceae from Sri Lanka. Archiv für Hydrobiologie Supplement (Algological Studies), 54: 15-35.

Ehrenberg CG. 1832. Über die Entwickelung und Lebensdauer der Infusionsthiere; nebst ferneren Beiträgen zu einer Vergleichung ihrer organischen Systeme. Abhandlungen der Königlichen Akademie Wissenschaften zu Berlin, Physikalische Klasse, 1831: 1-154.

Ehrenberg CG. 1834. Beiträge zur physiologischen Kenntniss der Corallenthiere im allgemeinen, und besonders des rothen Meeres, nebst einem Versuche zur physiologischen Systematik derselben. 1. Abhandlungen der Königlichen Akademie der Wissenschaften zu Berlin, Physikalische Klasse, 1832: 225-380.

Ehrenberg CG. 1838. Die Infusionsthierchen als vollkommene Organismen. Leipzig: Verlag von Leopold Voss: 574.

Eloranta P. 1989. Ecological studies: on the ecology of the genus *Dinobryon* in Finnish lakes. Beihefte zur Nova Hedwigia, 95: 99-109.

Eloranta P. 1995. Biogeography of Chrysophytes in Finnish Lakes. *In*: Sandgren CD, Smol JP, Kristiansen J. Chrysophyte Algae: Ecology, Phylogeny and Development. Cambridge: Cambridge University Press: 214-231.

Engler A. 1897. Bemerkung, betreffend der in der Abteilung I. *In*: Engler A, Prantl K. Die natürlichen Pflanzenfamilien nebst ihren Gattungen und wichtigeren Arten. II. Teil. Leipzig: Verlag von Wilhelm Engelmann: 580.

Ettl H. 1956. Ein Beitrag zur Systematik der Heterokonten. Botaniska Notiser, 109: 411-455.

Findenegg I. 1947. Über die Lichtansprtlche Planktischer. Sttsswasseralgen. Sitzungsberichte der Wiener Akademie der Wissenschaften, 155: 159-171.

Fisch C. 1885. Untersuchungen über einige Flagellaten und verwandte Organismen. Zeitschrift für Wissenschaftliche Zoologie, 42: 47-125.

Fott B. 1936. Dva nové druhy rodu *Diceras* Reverdin. Vestnik Král Česke Spolec Nauk, 2: 1-7.

Fott B. 1940. Neue farblose Flagellaten. Archiv für Protistenkunde, 93: 350-354.

Fott B. 1959. Zur Erage der sexualitat bei den Chrysomonaden. Nova Hedwiga, 1: 115-127.

Gayral P, Billard C. 1977. Synopsis du nouvel ordre des Sarcinochrysidales (Chrysophyceae). Taxon, 26: 241-245.

Gibbs SP, Cheng D, Slankis T. 1974a. The chloroplast nucleoid in *Ochromonas danica*. I. Three-dimensional morphology in light- and dark-grown cells. Journal of Cell Science, 16: 557-577.

Gibbs SP, Mak R, Ng R, Slankis T. 1974b. The chloroplast nucleoid in *Ochromonas danica*. II. Evidence for an increase in plastid DNA during greening. Journal of Cell Science, 16: 579-591.

Gibbs SP. 1981. The chloroplast endoplasmic reticulum: structure, function and evolution significance. International Review of Cytology, 72: 49-99.

Grassé PP. 1926. Contribution à l'étude des Flagellés parasites. Archives de Zoologie Expérimentale and Générale, 63: 345-602.

Green JC. 1976. Notes on the flagellar apparatus and taxonomy of *Pavlova mesolychnon* nan der Veer, and on the status of *Pavlova butcher* and related genera within the Haptophyceae. Journal of the Marine Biological Association of the United Kingdom, 56: 595-602.

Haeckel E. 1894. Systematische Phylogenie der Protisten und Pflanzen, Erster Theil des Entwurfs einer Systematischen Stammesgeschichte. Berlin: Verlag von Georg Reimer: 400.

Hansgirg A. 1886. Prodromus der Algenflora von Böhmen. Erster Theil enthaltend die Rhodophyceen, Phaeophyceen und einen Theil der Chlorophyceen. Archiv für die Naturwissenschaftliche Landesdurchforschung von Böhmen, 5 (6): 1-96.

Happey-Wood CM. 1988. Ecology of Freshwater Planktonic Green Algae. *In*: Sandgren C. Growth and Reproductive Strategies of Freshwater Phytoplankton. Cambridge: Cambridge University Press: 175-226.

Harris K. 1953. A contribution to our knowledge of *Mallomonas*. Botanical Journal of the Linnean Society, 55: 88-102.

Hartmann H, Steinberg C. 1989. The occurrence of silica-scaled Chrysophytes in some central European lakes and their relation to pH. Beiheft zur Nova Hedwigia, 95: 131-158.

Herth W, Kuppel A, Schnepf E. 1977. Chitinous fibrils in the lorica of the flagellate chrysophyte *Poteriochromonas stipitata* (syn. *Ochromonas malhamcnsis*). Journal of Cell Biology, 73: 311-321.

Herth W. 1979. Behaviour of the Chrysoflagellate alga, *Dinobryon divergens*, during lorica formation. Protoplasma, 100: 345-351.

Hibberd DJ. 1970. Observations on the cytology and ultrastructure of *Ochromonas tuberculatus* sp. nov. (Chrysophyceae), with special reference to the discobolocysts. British Phycological Journal, 5: 119-143.

Hibberd DJ. 1976. The ultrastructure and taxonomy of the Chrysophyceae and Prymnesiophyceae (Haptophyceae): a survey with some new observations on the ultrastructure of the Chrysophyceae. Botanical Journal of the Linnean Society, 72: 55-80.

Hibberd DJ. 1977. Ultrastructure of cysts formation in *Ochromonas tuberculata* (Chrysophyceae). Journal of Phycology, 13: 309-320.

Hibberd DJ. 1978. The fine structure of *Synura sphagnicola* (Korsh.) Korsh. (Chrysophyceae). British Phycological Journal, 13: 403-412.

Hilliard DK, Asmund B. 1963. Studies on Chrysophyceae from some ponds and lakes in Alaska. II. Notes on the genera *Dinobryon*, *Hyalobryon* and *Epipyxis* with descriptions of new species. Hydrobiologia, 22: 331-397.

Hilliard DK. 1966. Studies on Chrysophyceae from some ponds and lakes in Alaska V. Hydrobiologia, 28: 555-576.

Hilliard DK. 1967. Studies on Chrysophyceae from some ponds and lakes in Alaska. Nova Hedwigia, 14:

39-56.

Hofeneder H. 1937. Eine neue koloniebildende Chrysomonadine. Archiv für Protistenkunde, 29: 293-307.

Houwink AL. 1951. An EM study of the biologique de quelques flagelles libres. Archives de Zoologie Experimentale et Generale, 83: 1-268.

Huber-Pestalozzi G. 1941. Das Phytoplankton des Süsswassers. Systematik und Biologie. 2, Teil, 1. Hälfte. Chrysophyceen, farblose Flagellaten, Heterokonten. *In* Thienemann A. Die Binnengewässer. Stuttgart: Schweizerbart'sche Verlagsbuch-handlung: 365.

Hustedt F. 1939. Systematische und Ökologische Untersuchungen über die Diatomeen-flora von Java, Bali und Sumatra nach dem Material der Deutschen Limnologischen Sunda-Expedition. III. Die ökologischen Faktoren und ihr Einfluss auf die Diatomeen flora. Archiv für Hydrobiologie Supplement, 16: 1-394.

Imhof OE. 1887. Studien über die Fauna hochalpiner Seen, insbesondere des Cantons Graubünden. Jahresbericht der Naturforschenden Gesellschaft Graubündens, 30: 45-164.

Imhof OE. 1890. Das Flagellatengenus *Dinobryon*. Zoologischer Anzeiger, 13: 483-488.

Ito H, Takahashi E. 1982. Seasonal fluctuation of *Spiniferomonas* (Chrysophyceae, Synuraceae) in two ponds on Mt. Rokko, Japan. Japanese Journal of Phycology, 30: 272-278.

Ito H, Yano H, Harimaya K. 1981. Synuraceae (Chrysophyceae) from Lake Biwa. Japanese Journal of Water Treatment Biology, 17: 30-35.

Iwanoff LA. 1899. Beitrag zur Kenntnis der Morphologie und Systematik der Chrysomonadinen. Bulletin de l'Académie Impériale des Sciences de Saint Pétersbourg, series 5, 11: 247-262.

Jao CC. 1940. Studies on the freshwater algae of China V. Some freshwater algae from Sikang. Sinensia, 11(5-6): 531-547.

Jeffrey SW. 1989. Chlorophyll c pigments and their distribution in chromophyte algae. *In*: Leadbeater BSC, Diver WL. The Chromophyte Algae: Problems and Perspectives. Oxford: Clarendon Press: 13-36.

Jiang XD, Nan FR, Lv JP, Liu Q, Xie SL, Kociolek JP, Feng J. 2018. *Dinobryon ningwuensis* (Chrysophyta, Dinobryonaceae), a new freshwater species described from Shanxi province, China. Phytotaxa, 374: 221-230.

Jiang XD, Nan FR, Lv JP, Liu Q, Xie SL, Kociolek JP, Feng J. 2019. *Dinobryon taiyuanensis* (Chrysophyta, Dinobryonaceae), a new freshwater species described from Shanxi province, China. Phytotaxa, 404: 41-50.

Karim AG, Round FE. 1967. Microfibrilis in the lorica of the freshwater alga *Dinobryon*. New Phytalogist, 66: 409-412.

Karpov SA, Kersanach R, Williams DM. 1998. Ultrastructure and 18S rRNA gene sequence of a small heterotrophic flagellate *Siluania monomastiga* gen. et sp. nov. (Bicosoecida). European Journal of Protistology, 34: 415-425.

King JM. 1984. The occurrence of *Chrysopyxis urna* (Chrysophyceae) in the United States. Transactions of the American Microscopical Society, 103: 317-319.

Klaveness D, Bråte J, Patil V, Shalchian-Tabrizi K, Kluge R, Gislerød HR, Jakobsen KS. 2011. The 18S rDNA and 28S rDNA identity and Phylogeny of the common lotic chrysophyte *Hydrurus foetidus*. European Journal of Phycology, 46: 282-291.

Klebs GA. 1892. Flagellatenstudien. Theil II. Zeitschrift für wissenschaftliche Zoologie, 55: 352-445.

Klebs GA. 1893. Flagellatenstudien. Theil I. Zeitschrift für Wissenschaft Zoologie, 55: 265-351.

Korshikov AA. 1941. On some new or little known flagellates. Archiv für Protistenkunde, 95: 22-44.

Kristiansen J, Menezes M. 1998. Silica-scaled Chrysophytes from an Amazonian flood-plain lake, Mussura, northern Brazil. Algological Studies, 90: 97-118.

Kristiansen J, Preisig HR. 2001. Encyclopedia of Chrysophyte Genera, Bibliotheca Phycologica band 110. Stuttgart: J. Cranmer: 260.

Kristiansen J, Preisig HR. 2011. Phylum Chrysophyta (Golden Algae). *In*: John DM, Whitton BA, Brook AJ. The freshwater algal flora of the British Isles, an identification guide to freshwater and terrestrial algae (2nd ed). Cambridge: Cambridge University Press: 281-317.

Kristiansen J, Walne PL. 1977. Fine structure of photo-kinetic systems in *Dinobryon cylindricum* var. *alpinum* (Chrysophyceae). British Phycological Journal, 12: 329-341.

Kristiansen J. 1972. Studies on the lorica structure in Chrysophyceae. Svensk Botanisk Tidskrift, 66: 184-190.

Kristiansen J. 2002. The genus *Mallomonas* (Synurophyceae). A taxonomic survey based on the ultrastructure of silica scales and bristles. Opera Botanica, 139: 1-128.

Kristiansen J. 2005. Golden Algae: A Biology of Chrysophytes. A. R. G. Gantner Verlag K. G.: 1-167.

Lackey JB. 1938. Scioto River forms of Chrysococcus. American Midland Naturalist, 20: 619-623.

Lagerheim G. 1896. Über *Phaeocystis poucheti* (Har.) Lagerh: eine Planktonflagellate. Öfvers Förh Kongl Svenska Vetensk-Akad, 53: 277-288.

Lauterborn R. 1911. Pseudopodien bei Chrysopyxis. Zoologischer Anzeiger, 38: 46-51.

Lee RE, Kugrens P. 1989. Note: biomineralization of the stalks of *Anthophysa vegetans* (Chrysophyceae). Journal of Phycology, 25: 591-596.

Lemmermann E. 1895. Verzeichnis der in der Umgegend von. Plön gesammelten Algen. Forschungsberichte aus der Biologischen Station zu Plön, 3: 18-67.

Lemmermann E. 1899a. Das Phytoplankton sächsischer Teiche. Forschungsberichte aus der Biologischen Station zu Plön, 7: 96-135.

Lemmermann E. 1899b. Ergebnisse einer Reise nach dem Pacific. (H. Schauinsland 1896/97). Abhandlungen Herausgegeben vom Naturwissenschaftlichen zu Bremen, 16: 313-398.

Lemmermann E. 1900. Beiträge zur Kenntnis der Planktonalgen. XI. Die Gattung *Dinobrton*. Berichte der Deutsche Botanischen Gesellschaft, 18: 500-524.

Lemmermann E. 1901. Beiträge zur Kenntniss der Planktonalgen. XII. Notizen über einige Schwebealgen. XIII. Das Phytoplankton des Ryck und des Greifswalder Boddens. Berichte der Deutsche Botanischen Gesellschaft, 19: 85-95.

Lemmermann E. 1904. Das Plankton schwedischer Gewässer. Arkiv för Botanik, 2: 1-209.

Lemmermann E. 1908a. Flagellatae, Chlorophyceae, Coccosphaerales und Silicoflagellatae. *In*: Brandt K, Apstein C. Nordisches Plankton, Botanischer XXI Teil. Keil und Leipzig: Verlag von Lepsius & Tischer: 1-40.

Lemmermann E. 1908b. Algen I (Schizophyceen, Flagellaten, Peridineen). *In*: Lemmermann E. Kryptogamenflora der Mark Brandenburg und angrenzender Gebiete Herausgegeben von dem Botanishcen Verein der Provinz Brandenburg, III. Leipzig: Verlag von Grebrüder Borntraeger: 305-496.

Li LC. 1932. On some fresh-water algae collected by Mr. Y. C. Wang in Nanking, Chenkiang, and Peiping, China. Lingnan Science Journal, 11 (2): 249-261.

Lim EE, Caron DA, Dennett MR. 1999. The ecology of *Paraphysomonas imperforate* based on studies employing oligonucleotide probe identification in coastal water samples and enrichment culture. Limnology and Oceanography, 44: 37-51.

Loeblich AR, Loeblich LA. 1979. Division Chrysophyta. *In*: Laskin AI, Lechevalier HA. CRC Handbook of

Microbiology, Vol.2. Florida: CRC Press: 411-423.

Lund JWG. 1942. Contributions to the knowledge of British Chrysophyceae. New Phytologist, 41: 274-292.

Mack B. 1951. Morphologische und entwicklungsgeschichtliche Untersuchungen an Chrysophyceen. Österreichische Botanische Zeitschrift, 98: 249-279.

Manton I, Leedale CF. 1964. Observation on the fine structure of *Prymnesium parvum* Carter. Archives of Microbiology, 45: 285-303.

Manton I. 1952. The fine structure of plant cilia. Soc. Symposia of the Society for Experimental Biology, 6: 306.

Matvienko AM. 1965. Zolotisti vodorosti - Chrysophyta. *In*: Vyznachnyk Prisnovodnykh Vodorostej Ukrajns'koj RSR. Chastyna 1. Kyjv: Naukova Dumka: 367.

Medlin LK, Kooistra WHCF, Potter D, Saunders GW, Andersen RA. 1997. Phylogenetic relationships of the 'golden algae' (Haptophytes, Heterokont, Chromophytes) and their plastids. Plant Systematics and Evolution (Supplement), 11: 187-219.

Menezes M, Bicudo CEM. 2010. Xanthophyceae. *In*: Forzza RC. Catálogo de Plantas e Fungos do Brasil. Vol. 1. Rio de Janeiro: Andrea Jakobsson Estúdio: 448-451.

Moestrup Ø. 1995. Current status of chrysophyte 'splinter groups': synurophytes, pedinellids, silicoflagellates. *In*: Sandgren CD, Smol JP, Kristiansen J. Chrysophyte Algae: Ecology, Phylogeny and Development. Cambridge: Cambridge University Press: 75-91.

Müller OF. 1786. Animalcula Infusoria, Fluviatilia et Marina. Copenhagen: Hfniae et Lipsiae: 367.

Nicholls KH, Wujek DE. 2015. Chrysophyceae and Phaeothamniophyceae. *In*: Wehr JD, Sheath RG, Kociolek JP. Freshwater Algae of North America, Ecology and Classification (2nd ed). San Diego: Elsevier: 537-586.

Nixdorf B, Mischke U, Leßmann D. 1998. Chrysophytes and chlamydomonads: pioneer colonists in extremely acidic mining lakes (pH<3) in Lusatia (Germany). Hydrobiologia, 369/370: 315-327.

Nygaard G. 1949. Hydrobiological studies on some Danish ponds and lakes, Part 2, the quotienthypothesis and some new or little known phytoplanktonorganisms. Kongelige Danske VidenskabernesSelskab, Biologiske Skrifter, 7 (1): 1-293.

Nygaard G. 1956. Ancient and recent flora of Diatoms and Chrysophyceae in Lake Gribsø. Folia Limnologica Scandinavica, 8: 32-94.

O'Kelly CJ, Wujek DE. 2001. Cell structure and asexual reproduction in *Lagynion delicatulum* (Stylococcaceae, Chrysophyceae). European Journal of Phycology, 36: 51-60.

Olrik K. 1994. Phytoplankton Ecology, Determining Factors for the Distribution of Phytoplankton in Freshwater and the Sea. Denmark: Danish Environmental Protection Agency: 183.

Olrik K. 1998. Ecology of mixotrophic flagellates with special reference to Chrysophyceae in Danish lakes. Hydrobiologia, 369/370: 329-338.

Olsen JL. 1990. Nucleic acids in algal systematic. Journal of Phycology, 26: 209-214.

Owen HA, Mattox KR, Stewart KD. 1990. Fine structure of the flagellar apparatus of *Dinobryon cylindricum* (Chrysophyceae). Journal of Phycology, 26: 131-141.

Pang WT, Zhuang JY, Wang QX. 2019. Chrysophytes from the Great Xing'an Mountains, China. Nova Hedwigia, 148: 49-61.

Papenfuss GF. 1955. Classification of the algae. *In*: Kessel EL. A Century of Progress in the Natural Sciences, 1853-1953. San Francisco: California Academy of Sciences: 115-224.

Parker BC, Samsel GE, Prescott GW. 1973. Comparison of microhabitats of macroscopic subalpine stream algae. American Midland Naturalist, 90: 143-153.

Pascher A. 1909. Eingine neue Chrysomonaden. Berichte der Deutsche Botanischen Gesellschaft, 27: 247-254.

Pascher A. 1910. Chrysomonaden aus dem Hirschberger Grossteiche: Untersuchungen über die Flora des Hirschberger Grossteiches. Monographienund Abhandlungen zur Internationale Revue der gesamten Hydrobiologie und Hydrographie, 1: 1-66.

Pascher A. 1911a. Über Nannoplanktonten des Süsswassers. Berichte der Deutsche Botanischen Gesellschaft, 29: 523-553.

Pascher A. 1911b. Cyrtophora, eine neue tentakeltragende Chrysomonade aus Franzensbad und ihre Verwandten. Berichte der Deutsche Botanischen Gesellschaft, 29: 112-125.

Pascher A. 1912a. Über Rhizopoden und Palmellastadien bei Flagellaten (Chrysomonaden), nebst einter Übersicht über die braunen Flagellaten. Archiv für Protistenkunde, 25: 153-200.

Pascher A. 1912b. Eine farblose rhizopodiale Chrysomonade. Berichte der Deutsche Bbotanischen Gesellschaft, 30: 152-158.

Pascher A. 1913. Flagellatae II. Chrysomonadinae. In: Pascher A, Lemmermann E. Die Süßwasserflora Deutschlands, Österreichs und der Schweizland, 2. Jena: Verlag von Gustav Fischer: 1-95.

Pascher A. 1914. Über Flagellaten und Algen. Berichte der Deutschen Botanischen Gesellschaft, 32: 136-160.

Pascher A. 1929. Über die Beziehungen zwischen Lagerorm und Standortsverhältnissen bei einer Gallertalge (Chrysocapsales). Archiv für Protistenkunde, 68: 637-668.

Pascher A. 1931a. Über eigenartige zweischalige Dauerstadien bei zwei tetrasporalen Chrysphyceen (Chrysocapsalen). Archiv für Protistenkunde, 73: 73-103.

Pascher A. 1931b. Systematische Übersicht über die mit Flagellaten in Zusammenhang stehenden Algenreihen und Versuch einer Einreihung dieser Algenstämme in die Stämme des Pflanzenreiches. Beihefte zum Botanischen Centralblatt, 48 (2): 317-332.

Peters MC, Andersen RA. 1993. The fine structure and scale formation of *Chrysolepidomonas dendrolepidota* gen. et sp. nov. (Chrysolepidomonadaceae fam. nov., Chrysophyceae). Journal of Phycology, 29: 469-475.

Petersen JB.1918. On *Synura uvella* Stein nogle andre Chrysomonadiner. Vidensk Medd fra Dansk Naturh Foren, 69: 345.

Petronio JA, Rivera WL. 2010. Ultrastructure and SSU rDNA phylogeny of *Paraphysomonas vestita* (Stokes) DeSaedeleer isolated from Laguna de Bay, Philippines. Acta Protozoologica, 49: 107-113.

Poche F. 1913. Das System der Protozoa. Archiv für Protistenkunde, 30: 125-321.

Preisig HR, Hibberd DJ. 1983. Ultrastructure and taxonomy of *Paraphysomonas* (Chrysophyceae) and related genera III. Nordic Journal of Botany, 3: 695-723.

Preisig HR. 1986. Biomineralization in the Chrysophyceae. In: Leadbeater BSC, Riding R. Biomineralization in Lower Plants and Animals. Oxford: Oxford University Press: 327-344.

Preisig HR. 1995. A modern concept of Chrysophyte classification. In: Sandgren CD, Smol JP, Kristiansen J. Chrysophyte Algae: Ecology, Phylogeny and Development. Cambridge: Cambridge University Press: 46-74.

Reverdin L. 1917. Un nouveau genre d'algue (Leptochromonadineae): le genre Diceras. Bulletin de la Société Botanique de Genève, series 2, 9: 45-47.

Rostafiński J. 1881. Tymczasowa wiadomosc o czerwonym i zoltym sniegu tudziez o nowo-odkrytej grupie wodorostow brunatnych znalezionych w Tatach. Rozprawy i Sprawozdania z Posiedzen Wydziału Matematyczno-Przyrodniczego Akademii Umiejętności, 8: 8-13.

Rostafiński J. 1882. L' *Hydrurus* et ses affinités. Annales des Sciences Naturalles-Botanique, series 6, 14: 1-25.

Salonen K, Jokinen S. 1988. Flagellate grazing on bacteria in a small dystrophic lake. Hydrobiologia, 169: 203-209.

Sanders RW, Porter KG, Caron DA. 1990. Relationship between phototrophy and phagotrophy in the mixotrophic chrtsophyte *Poterioochromonas malhamensis*. Microbial Ecology, 19: 97-109.

Sandgren CD. 1980a. An ultrastructural investigation of resting cyst formation in Dinobryon cylindricum (Chrysophyceae, Chrysophyta). Protistologica, 16: 259-276.

Sandgren CD. 1980b. Resting cyst formation in selected chrysophyte flagellates: an ultrastructural survey including a proposal for the phylogenetic significance of interspecific variations in the encystment process. Protistologica, 16: 289-303.

Sandgren CD. 1981. Characteristics of sexual and asexual resting cyst (statospore) formation in *Dinobryon cylindricum* Imhof (Chrysophyta). Journal of Phycology, 17: 199-210.

Sandgren CD. 1988. The ecology of Chrysophyte flagellates: their growth and perennation strategies as freshwater phytoplankton. *In*: Sandgren CD. Growth and Reproductive Strategies of Freshwater Phytoplankton. Cambridge: Cambridge University Press: 9-104.

Saunders GW, Potter D, Paskind MP, Andersen RA. 1995. Cladistic analyses of combined traditional and molecular data sets reveal an algal lineage. Proceedings of the National Academy of Sciences, USA, 92: 244-248.

Scherffel A. 1911. Beitrag zur Kenntnis der Chrysomonadineen. Archiv für Protistenkund, 22: 299-344.

Scherffel A. 1927. Beitrag sur Kenntnis der Chrysomonadineen, II. Archiv für Protistenkunde, 57: 331-361.

Schiller J. 1926. Der thermische Einfluß und die Wirkung des Eises auf die plankische Herbst-vegetation in den Alwässern der Donau bei Wien. Archiv für Protistenkund, 56: 1-62.

Schiller J. 1929. Neue Chryso- und Cryptomonaden aus Altwässern der Donau bei Wien. Archiv für Protistenkunde, 66: 436-458.

Schmidle G. 1934. Die Chrysomonadengattungen *Kephyrion*, *Pseudokephyrion*, *Kephyriopsis* und *Stenocalyx* in Gewassern bei Wien. Österreichische Botanicche Zeitschrift, 83: 162-172.

Senn G. 1900. Flagellata. *In*: Engler A, Prantl K. Die natürlichen Pflanzenfamilien nebst ihren Gattungen und wichtigeren Arten. I. Teil. Leipzig: Verlag von Wilhelm Engelmann: 93-188.

Sheath RG, Munawar M, Hellebust JA. 1975. Phytoplankton biomass composition and primary productivity during the ice-free period in a tundra pond. *In*: Proceeding Circumpolar Confference arct Ecology, 3. Ottawa: Natural Research Council of Canada: 21-31.

Silva PC. 1980. Names of classes and families of living algae. RegnumVegetabile, 103: 1-156.

Siver PA, Chock JS. 1986. Phytoplankton dynamics in a Chrysophycean lake. *In*: Kristiansen J, Andersen RA. Chrysophytes: Aspects and Problems. Cambridge: Cambridge University Press: 165-183.

Siver PA, Hamer JS. 1989. Multivariate statistical analysis of the factors controlling the distribution of scaled Chrysophytes. Limnology and Oceanography, 34: 368-381.

Siver PA, Hamer JS. 1990. Use of extant populations of scaled Chrysophytes for the inference of lakewater pH. Canadian Journal of Fisheries and Aquatic Science, 47: 1339-1347.

Siver PA, Lott AM. 2000. Preliminary inverstigetions on the distribution of scaled chrysophytes in Vermont and New Hampshire (USA) lakes and their utility to infer lake water chemistry. Nordic Journal of Botany, 20: 233-246.

Siver PA. 1988. The distribution and ecology of *Spiniferomonas* (Chrysophyceae) in Connecticut (USA). Nordic Journal of Botany, 8: 205-212.

Siver PA.2002. Paleolimnology: use of siliceous structures of Chrysophytes as biological indicators in freshwater systems. *In*: Bitton G, Wiley J. The Encyclopedia of Environmental Microbiology: 2317-2327.

Skuja H. 1937. Algae. *In*: Handel-Mazzetti H. Symbolae Sinicae – Botanische Ergebnisse der Expedition der Akademie der Wissenschaften in Wien nach Südwest-China 1914/1918. I. Wien: Verlag von Julius Springer: 1-105.

Skuja H. 1948. Taxonomie des Phytoplanktons einiger Seen in Uppland, Schweden. Symbolae Botanicae Upsalienses, 9 (3): 1-399.

Skuja H. 1950. Körperbau und reproduktion bei *Dinobryon borgei* Lemm. Svensk Botanisk Tidskrift, 44: 96-107.

Skuja H. 1956. Taxonomische und biologische Studien über das Phytoplankton Schwedischer Binnengewässer. Nova Acta Regiae Societatis Scientiarum Upsaliensis, Series 4, 16 (3): 1-404.

Skuja H. 1964. Grundzüge der Algenflora und Algenvegetation der Fjedgegenden um Abisko in Schwedish Lappland. Nova Acta Regiae Societatis Scientiarum Upsaliensis, Series 4, 18 (3): 1-465.

Skvortzov BV. 1925. Über neue wenig bekannte Formen der Euglenaceengattung Trachelomonas Ehrenberg. Berichte der Deutsche Botanischen Gesellschaft, 43: 306-315.

Skvortzov BV. 1946. Species novae et minus cognitae algarum, flagellatarum et phycomicetarum Asiae, Africae, Ameriae et Japoniae nec non Ceylon anno 1931-1945, descripto et illustrato per tab. 1-18. Proceedings of the Harbin Society of Natural History and Ethnography, 2: 1-34.

Skvortzov BV. 1961. Harbin Chrysophya, China Boreali-Orientalis. Bulletin Herbarium North-Eastern Forestry Academia, 3: 1-70.

Smol JP, Charles DF, Whitehead DR. 1984. Mallomonadacean microfossils provide evidence of recent lake acidification. Nature, 307: 628-630.

Smol JP. 1980. Fossil Synuracean (Chrysophyceae) scales in lake sediments: a new group of paleoindicators. Canadian Journal of Botany, 58: 458-465.

Squires LE, Rushforth SR, Endsley CJ. 1973. An ecologica survey of the algae of Huntington Canyon, Utah. Brigham Young University Science Bulletin, 18: 1-87.

Starmach K. 1968. Flora Slodkowodna Polski, Tom 5, Chrysophyta I. Warszawa: Państwowe Wydawnictwo Naukowe: 598.

Starmach K. 1980. Chrysophyceae. Warszawa: Naukowa: 775.

Starmach K. 1985. Chrysophyceae und Haptophyceae. *In*: Ettl H, Gerloff J, Hernig H, Mollenhauer D. Süsswasserflora von Mitteleuropa, Vol. 5. Stuttgart: Veb Gustav Fischer Verlag: 515.

Stein F. 1878. Der Organismus der Infusionsthiere nach eigenen forschungen in systematischere Reihenfolge bearbeitet. III. Abtheilung. Die Naturgeschichte der Flagellaten oder Geisselinfusorien. I. Hälfte, Den noch nicht abgeschlossenen allgemeinen Theil nebst erklärung: Der Sämmtlichen Abbildungen enthaltend. Leipzig: Verlag von Wilhelm Engelmann: 154.

Stokes AC. 1885. Notes on some apparently undescribed forms of freshwater infusoria. American Journal of Science, 29: 313-328.

Stokes AC. 1886. Notices of new fresh-water *Infusoria*. Proceedings of the American Philosophical Society, 23: 562-568.

Villars D. 1789. Histoire des plantes du Dauphiné. Grenoble, 3: 1091.

Vysotskii AV. 1887. Les mastigophores et rhizopodes trouvés dans les lacs Weissowo et Repnoie (près Slaviansk, Gouvern. Kharkov). Trudy Obshchestva Ispytatelei Prirody Pri Imperatorskom Kharkovskom Universitetie, 21: 119-140.

Wee JL. 1996. Molecular investigations of heterokont comparative biology: recent and emerging trends. Beihefte zur Nova Hedwigia, 114: 7-27.

Wei YX, Kristiansen J. 1994. Occurrence and distribution of silica-scaled chrysophytes in Zhejiang, Jiangsu, Hubei, Yunnan and Shandong Provinces, China. Archiv für Protistenkunde, 144: 433-449.

West GS, Fritsch FE. 1927. A Treatise on the British Freshwater Algae (New and Revised Edition). Cambridge: Cambridge University Press: 534.

Wislouch S. 1914. Sur les Chrysomonadines des environs de Petrograd. Journal of Mikrobiology, 1: 251-278.

Wolken JJ, Palade GE. 1952. Fine structure of chloroplasts in two flagellates. Nature, 170: 114-115.

Wolken JJ, Palade GE. 1953. An electron microscope study of two flagellates. Chloroplast structure and variation. Annals of the New York Academy of Sciences, 56: 873-889.

Woloszynska J. 1914. Zapiski algologiczne/Algologische Notizen. Sprawozdania z Posiedzen Towarzystwa Naukowego Warszawskiego. Wydzial II, 7: 22-26.

Yamagishi T. 1992. Plankton Algae in Taiwan (Formosa). Tokyo: Uchida Rokakuho: 252.

Yang EC, Boo GH, Kim HJ, Cho SM, Moo SM, Andersen RA, Yoon HS. 2012. Supermatrix data highlight the phylogenetic relationships of photosynthetic stamenopiles. Protist, 163: 217-231.

Yoon HS, Andersen RA, Boo SM, Bhattacharya D. 2009. Stramenopiles. In: Schaechter M. Encyclopedia of Microbiology. Oxford: Elsevier: 721-731.

Zimmermann B, Moestrup Ø, Hällfors G. 1984. Chrysophyte or heliozoon: ultrastructural studies on a cultured species of Pseudopedinella (Pedinellales ord. nov.), with comments on species taxonomy. Protistologica, 20: 591-612.

英文目、科、属、种检索表

Key to the orders of Chrysophyceae

1. Thalli unicellular or unbranched colonial ·· 2
1. Thalli branched colonial ·· **Hydrurales**
   2. Cells naked, with scales or lorica and the base without two pointed protrusions ········· **Chromulinales**
   2. Cells with lorica and the base with two pointed protrusions ······················· **Hibberdiales**

Key to the families of Chromulinales

1. Thalli amoeboid unicellular or colonial ···································· **Chrysamoebaceae**
1. Thalli not amoeboid unicellular or colonial ·· 2
   2. Thalli indefinate colonial,vegetative cells not flagellate, not mobile ·················· 3
   2. Thalli unicellular or definate colonial, vegetative cells flagellate, mobile ············· 4
3. Cells with lorica ··· **Dinobryaceae**
3. Cells with scales ··· **Paraphysomonadaceae**
   4. Cells naked and without scales or lorica ··································· **Chromulinaceae**
   4. Cells with scales or lorica ··· 5
5. Colonies spherical or elliptical, with obvious mucilage ···················· **Chrysocapsaceae**
5. Colonies parenchymatous arranged in a layer of cells and without obvious mucilage ···· **Chrysothallaceae**

Key to the genera of Chromulinaceae

1. Cells with chloroplasts ··· 2
1. Cells without chloroplasts ··· *Oikomonas*
   2. Cells with one flagellum ··· 3
   2. Cells with two flagella ·· 6
3. End of cell with long pedicel ·· *Stipitochrysis*
3. End of cell without long pedicel ·· 4
   4. Cells spherical or sub-spherica, chloroplasts laminate ····························· 5
   4. Cells polygonal or irregular, chloroplasts reticulate ··························· *Chrysapsis*
5. Cells compressed ·· *Sphaleromantis*
5. Cells not compressed ··· *Chromulina*
   6. Thalli unicellular ··· *Ochromonas*
   6. Thalli colonial ··· 7
7. Colonies with yellowish-brown pedicel ·· *Anthophysa*
7. Colonies without yellowish-brown pedicel ·· 8
   8. Thalli with mucilage ··· 9
   8. Thalli without mucilage ·· *Synuropsis*
9. Cells tapered posteriorly and united by branching cytoplasmic threads ·················· *Uroglena*
9. Cells truncate posteriorly and united by branching tubular connectives ··············· *Uroglenopsis*

Key to the species of *Chromulina*

1. Cell surface rough or with nodules ·· 2
1. Cell surface smooth ··· 7
  2. Cell surface rough ··· 3
  2. Cell surface with nodules ··· 4
3. Cells spherical ·· **1. C. rotundata**
3. Cells elliptical ·· **2. C. ellipsoidea**
  4. Cells spherical ··· 5
  4. Cells oval or cylindrical ·· 6
5. Front of cell rounded without a protrude in the middle ·· **3. C. globosa**
5. Front of cell obliquely truncated with a protrude in the middle ·· **4. C. pascheri**
  6. Cells oval ··· **5. C. vernalis**
  6. Cells cylindrical ··· **6. C. natans**
7. Cells with stigma ··· 8
7. Cells without stigma ··· 15
  8. Cells spherical or broadly oval ··· 9
  8. Cells long oval, elliptical or fusiform ·· 11
9. Cell diameter less than 10μm ··· 10
9. Cell diameter more than 10μm ·· **7. C. sungariensis**
  10. Flagella about 1.5 times of the body length ·· **8. C. pygmaea**
  10. Flagella about 2-3 times of the body length ·· **9. C. viridis**
11. Cells with one chloroplast ·· 12
11. Cells with two chloroplasts ·· 14
  12. Cells fusiform ··· **10. C. prufunda**
  12. Cells elliptical or oval ··· 13
13. Front of cell with a slightly concave ··· **11. C. ovalis**
13. Front of cell without a slightly concave ·· **12. C. stygmatella**
  14. Cells spherical ··· **13. C. variabilisa**
  14. Cells fusiform ·· **14. C. dissimilis**
15. Cells spherical, oval or fusiform ·· 16
15. Cells elliptical or elliptically cylindrical ··· 18
  16. Cells with one chloroplast ··· 17
  16. Cells with two chloroplasts ··· **15. C. sphaerica**
17. End of cell narrow and caudate ··· **16. C. nebulosa**
17. End of cell rounded ··· **17. C. elegans**
  18. Cells elliptical or elliptically cylindrical ·· **18. C. pseudonebulosa**
  18. Cells broadly elliptical, variable ·· **19. C. woroniniana**

Key to the species of *Chrysapsis*

1. Cells polygonal, not variable ··· **1. C. angulata**
1. Cells irregular and variable ·· 2
  2. Cells stellate ·· **2. C. stellata**
  2. Cells prismatic ·· **3. C. reticulata**

Key to the species of *Ochromonas*

Key to the species of *Uroglenopsis*

1. Cell elliptical or obovoid .... **1. *U. americana***
1. Cells spherical or sub-spherical .... **2. *U. rotundata***

Key to the genera of Chrysamoebaceae

1. Thalli unicellular or indefinite colonial .... ***Chrysamoeba***
1. Thalli linear colonial .... ***Chrysidiastrum***

Key to the species of *Chrysocapsa*

1. Cell diameter no more than 4μm .... **1. *C. planktonica***
1. Cell diameter no less than 4μm .... **2. *C. oculata***

Key to the genera of Dinobryaceae

1. Thalli branched or clustered colonial .... ***Dinobryon***
1. Thalli unicellular 2
   2. Lorica not obvious 3
   2. Lorica obvious 4
3. Plasma membrane with thickened mucilage .... ***Woronichiniella***
3. Plasma membrane without thickened mucilage .... ***Poterioochromonas***
   4. Lorica oval, fusiform, conical, bell-shaped, bowl shaped or polygonal 5
   4. Lorica spherical .... ***Chrysococcus***
5. Cells with one flagellum .... ***Kephyrion***
5. Cells with two flagella 6
   6. Lorica oval or cylindrical .... ***Pseudokephyrion***
   6. Lorica fusiform, conical or bell-shaped 7
7. Base of lorica acuminate 8
7. Base of lorica rounded .... ***Stokesiella***
   8. Base of lorica without long stalk .... ***Epipyxis***
   8. Base of lorica with long stalk .... ***Stylopyxis***

Key to the species of *Dinobryon*

1. Thalli unicellular 2
1. Thalli colonial 5
   2. Thalli attached on the substrate 3
   2. Thalli phytoplantic freely 4
3. Lorica broadly elliptical .... **1. *D. ellipticum***
3. Lorica long conical or nearly fusiform .... **2. *D. tubiferum***
   4. Surface of lorica with spiral thickening .... **3. *D. spirale***
   4. Surface of lorica smooth .... **4. *D. longicolle***
5. Thalli densely branched or clustered 6
5. Thalli loosely clustered 8
   6. Lorica long and narrowly bottle-shaped .... **5. *D. cylindricum***
   6. Lorica cylindrically cone-shaped 7
7. Lorica long, 28-65μm, side walls slightly irregular undulant .... **6. *D. divergens***

7. Lorica short, 23-36μm, side walls nearly parallel ·················· **7. *D. ningwuensis***
 8. Front opening of lorica slightly expanded··························· 9
 8. Front opening of lorica not expanded ···························· 11
9. Side walls of lorica nearly parallel································· 10
9. Side walls of lorica slightly irregular undulant···················· **8. *D. korschikovii***
 10. Upper of lorica with contraction ······················· **9. *D. sociale***
 10. Upper of lorica without contraction ····················· **10. *D. sinicum***
11. Lorica cylindrically conical ·························· **11. *D. bavaricum***
11. Lorica not cylindrically conical··························· 12
 12. Lorica fusiform or bell-shaped ···················· **12. *D. sertularia***
 12. Lorica S-shaped··························· **13. *D. taiyuanensis***

Key to the species of *Epipyxis*

1. Surface of lorica smooth ································· 2
1. Surface of lorica with flaring scales ························ 3
 2. Lorica fusiform ······························ **1. *E. utriculus***
 2. Lorica conical ······························ **2. *E. proteus***
3. Lorica with flaring scales all over lorica ···················· **3. *E. lauterbornii***
3. Lorica with flaring scales apically ························· 4
 4. Protoplast base without a stalk······················ **4. *E. epiplanctica***
 4. Protoplast base with a stalk ······················· **5. *E. deformans***

Key to the species of *Kephyrion*

1. Lorica nearly square ····························· **1. *K. truncatum***
1. Lorica not nearly square····························· 2
 2. Lorica nearly fusiform····························· **2. *K. brunneum***
 2. Lorica oval or nearly oval ························· 3
3. Surface of lorica with spines···························· **3. *K. hispidum***
3. Surface of lorica without spines························· 4
 4. Lorica with a narrow flagellar pore ··················· 5
 4. Lorica with a wide flagellar pore ··················· 7
5. Lorica spherical and not flat ························· **4. *K. aestivum***
5. Lorica ovate and flat ····························· 6
 6. Widest part of lorica in middle upper ················· **5. *K. boreale***
 6. Widest part of lorica in middle lower ················· **6. *K. matvienkoi***
7. Lorica with cylindrical short collar ······················ 8
7. Lorica without short collar··························· 10
 8. Lorica near diamond, widest in middle ················· 9
 8. Lorica broad oval, widest in middle lower ············· **7. *K. latum***
9. End conical································· **8. *K. impletum***
9. End rounded ····························· **9. *K. autumnalis***
 10. Lorica with ring pattern or spiral pattern ··············· 11
 10. Lorica without ring pattern or spiral pattern ·············· 12
11. Lorica with ring cross ring pattern ····················· **10. *K. ovale***
11. Lorica with spiral pattern ······················· **11. *K. spirale***

12. Both ends of lorica narrow ·· 13

12. Front end of lorica narrow and back end rounded ······························· **12. *K. mastigophorum***

13. Front of lorica with thickening ·· **13. *K. littorale***

13. Front of lorica without thickening ·· **14. *K. planctonicum***

Key to the species of *Pseudokephyrion*

1. Lorica sub-cylindrical ··· **1. *P. entzii***

1. Lorica diamond ··· **2. *P. undulatissimum* var. *rhombeum***

Key to the species of *Stokesiella*

1. Lorica sub-cylindrical ··· **1. *S. lepteca***

1. Lorica oval ··· **2. *S. minutissima***

Key to the genera of Stylococcaceae

1. Base of lorica flat and no protrusions ··· ***Lagynion***

1. Base of lorica with two tapered protuberances or side of lorica with long tapered spines ····················· 2

  2. Base of lorica with two tapered protuberances ································· ***Chrysopyxis***

  2. Side of lorica with 2-3 long tapered spines ···································· ***Bitrichia***

Key to the species of *Bitrichia*

1. Lorica with unequal tapered spines ··· **1. *B. chodatii***

1. Lorica with equal tapered spines ··· **2. *B. phaseolus***

Key to the species of *Chrysopyxis*

1. Front of lorica with a tubular protrusion ·· 2

1. Front of lorica without tubular protrusions ··· **1. *C. stenostoma***

  2. Front of lorica with a long tubular protrusion ···································· **2. *C. colligera***

  2. Front of lorica with a short tubular protrusion ··· 3

3. Lorica ovate or long spherical ··· **3. *C. iwanoffii***

3. Lorica bottle-shaped ··· **4. *C. bipes***

Key to the species of *Lagynion*

1. Lorica gourd shaped to spherical or elliptical ·· 2

1. Lorica hemispherical, oblate, conical or flask shaped ·· 3

  2. Front of lorica with a slender neck ·· **1. *L. ampullaceum***

  2. Front of lorica with a short collar ·· **2. *L. globosum* var. *ellipticum***

3. Front of lorica with a short collar ·· **3. *L. urceolatum***

3. Front of lorica with a cylindrical neck ·· 4

  4. Lorica flask shaped and with a long cylindrical neck ·························· **4. *L. macrotrachelum***

  4. Lorica hemispherical, oblate oval or conical, with a short cylindrical neck ···························· 5

5. Lorica press oval or bottle-shaped ··· **5. *L. scherffelii***

5. Lorica hemispherical ·· **6. *L. delicatulum***

汉英术语对照表

（按汉语拼音字母顺序排列）

半球形的 hemispherical

孢囊 stomatocyst

孢囊壁 stomatocyst wall

鞭毛 flagellum

鞭毛孔 flagellar pore

变形虫状的 amoeboid

边缘 margin

表氧玉米黄素 antheraxanthin

柄 stalk

波形的 undulant

不等的 unequal

不动孢子 aplanospore

不对称的 asymmetrical

不分枝的 unbranched

不规则的 irregular

储蓄泡 reservoir

侧扁的 compressed

侧面观 side view

侧生的 lateral

长方形的 rectangular, oblong

齿状的 dentate

刺 spine

雌配子 female gamete

丛状的 fascicular

带状的 zonal

蛋白核 pyrenoid

单细胞的 unicellular

倒卵形的 obovate

动孢子 zoospore

动物性营养 animal nutrition

对称的 symmetrical

多角形的 polygonous, polygonal

多聚葡萄糖 polydextrose

多棱状的 polyprismatic

纺锤形的 fusiform

放射状的 radiate

分叉的 furcate

分枝的 branched

附生的 epiphytic

缶形的 urceolate

浮游的 planktonic

高尔基体 Golgi body

根足 rhizopod

弓形的 arcuate, arched

箍形环状体 hoop ring

光滑的 smooth

硅质沉积囊 silica deposition vesicle

硅质鳞片 siliceous scale, silica scale

尖形的 acuminate

果胶 pectin

褐绿色的 brownish green

褐色的 brown

核糖体 ribosome

黑褐色的 black brown

葫芦形的 gourd-shaped

胡萝卜素 carotene

环状的 annular

黄褐色的 yellowish-brown, tawny, tan

黄绿色的 yellowish green

几丁质纤维 chitin fiber

假薄壁组织 pseudoparenchyma

加厚的 thickened

减数分裂 meiosis

胶被 gelatinous envelope

胶群体 palmellla

胶质柄 mucilaginous stalk

胶质丝 mucilaginous filament
金褐色的 golden brown
金黄色的 golden, golden yellow
近球形的 subspherical
金藻昆布糖 chrysolaminaran
静孢子 statospore
具鞭毛的 flagellate
具单鞭毛的 uniflagellate
具花纹的 patterned
具颗粒的 granular
具瘤突的 tuberculate
具双鞭毛的 biflagellate
具四鞭毛的 tetraflagellate
喇叭状的 trumpet-shaped
类囊体 thylakoid
梨形的 pyriform, pear-shaped
鳞片 scale
领 collar
菱形的 rhomboid
漏斗状的 funnelform
卵形的 ovate, oval, ovoid
裸露的 naked
绿褐色的 greenish brown
绿色的 green
密集的 dense
囊壳 lorica
盘状的 discoid
配子 gamete
膨大的 inflated
片层 lamellae
片状的 lamellate, laminate
平截的 truncate
平行的 parallel
瓶形的 ampullaceous, bottle-shaped
球形的 globular, spherical
群体 colony
群体的 colonial
茸鞭型鞭毛 hairy flagellum
柔软的 soft

色素体 chromatophore, chloroplast
烧瓶状的 lageniform
伸缩泡 contractile vacuole
生活史 life history
肾形的 reniform
收缢 constriction
树状的 dendritic
疏松的 loose
树状的 dendroid
丝状体 filament
丝状体的 filamentous
同化产物 assimilation product
同配 homogametic
筒状的 cylindrical
退化的 degenerate
透明的 transparent
椭圆形的 elliptical
吞噬作用 phagocytosis
网状的 reticulate
尾鞭型鞭毛 trailing flagellum
五边形的 pentagonal
无色的 colorless
无性生殖 asexual reproduction
细胞核 nucleus
细胞壁 cell wall
吸收作用 absorption
稀疏的 sparse
狭窄的 narrow
线粒体 mitochondrion
纤维素 cellulose
纤细的 slender
线形的 linear
相等的 equal
斜截形 obliquely truncate
新黄素 neoxanthin
心形的 cordate, cordiform
新月形的 crescent
星芒状的 stellate
雄配子 male gamete

休眠孢子 dormant spore

休眠细胞 dormant cell

旋转的 rotated

哑铃形的 dumbbell-shaped

眼点 stigma, eye spot

岩藻黄素 fucoxanthin

液泡 vacuole

叶黄素 lutein, xanthin

叶绿素 chlorophyll

叶状体的 thalloid

异养的 heterotrophic

营养繁殖 vegetative reproduction

营养细胞 vegetative cell

油滴 oil

有性生殖 sexual reproduction

玉米黄素 zeaxanthin

原生质 protoplasm

原生质体 protoplast

暂时性群体 temporary colony

正面观 front view

质膜 plasma membrane

植物体 thalli

钟形的 campaniform, bell-shaped

周生的 peripheral

锥形的 conical

着生的 attached

紫黄素 violaxanthin

自养的 autotrophic

自由运动 free-swimming

纵分裂 longitudinal division

中名索引

学名索引

--vacuolaris Skvortzov   33, 37
--vallesiaca Chodat   8, 33, 39, 40
--wislouchii Skvortzov   33, 36, 37

P

Phaeoplaca Chodat   59
--thallosa Chodat   59, 60
Pseudokephyrion Pascher   60, 95
--entzii Conrad   95
--undulatissimum Scherffel var. rhombeum Shi, in
    Wei et al. 95, 96

S

Sphaleromantis Pascher   13, 49
--asiaticus Skvortzov   49, 50
Stipitochrysis Korshikov   13, 48
--monorhiza Korsikov   9, 49
Stokesiella Lemmermann   60, 96
--lepteca (Stokes) Lemmermann   96, 97
--minutissim Fott   96, 97, 98
Stylococcaceae   10, 100
Stylopyxis Bolochonzew   60, 98

--bolochonzevi Skvortzov   98, 99
Synura danubiensis (Schiller) Starmach   50
Synuropsis Schiller   13, 50
--danubiensis Schiller   8, 50, 51

U

Uroglena Ehrenberg   1, 7, 13, 51
--*americana* Calkins   53
--volvox Ehrenberg   1, 52
Uroglenopsis Lemmermann   13, 53
--americana (Calkins) Lemmermann   53
--rotundata Skvortzov   53, 54

V

Vaginicola socialis Ehrenberg   71
Volvox vegetans O.F. Müller   1, 14

W

Woronichiniella Skvortzov   60, 99
--pentagona Skvortzov   99, 100

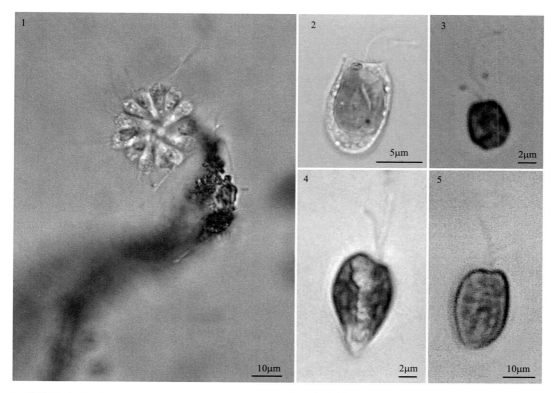

1. 花胞藻 *Anthophysa vegetans* (O.F. Müller) Stein；2. 卵形色金藻 *Chromulina ovalis* Klebs；3. 谷生棕鞭藻 *Ochromonas vallesiaca* Chodat；4. 玩赏棕鞭藻 *Ochromonas ludibunda* Pascher；5. 变形棕鞭藻 *Ochromonas mutabilis* Klebs

图版 II

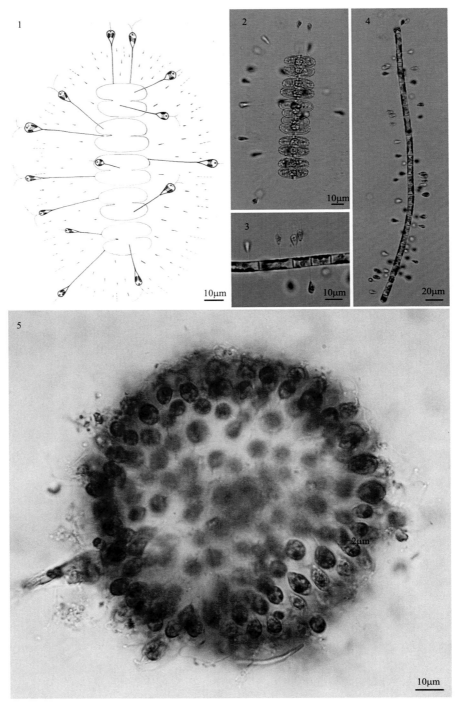

1-4. 金长柄藻（自庞婉婷等，2016）*Stipitochrysis monorhiza* Korsikov (from Pang et al., 2016)；5. 美洲拟黄团藻 *Uroglenopsis americana* (Calkins) Lemmermann

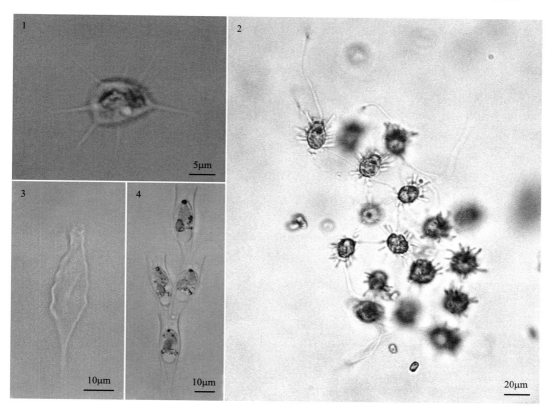

1. 辐射金变形藻 *Chrysamoeba radians* Klebs；2. 链状金星藻 *Chrysidiastrum catenatum* Lauterborn；3. 螺旋锥囊藻 *Dinobryon spirale* Iwanoff；4. 圆筒形锥囊藻原变种 *Dinobryon cylindricum* Imhof var. *cylindricum*

图版 Ⅳ

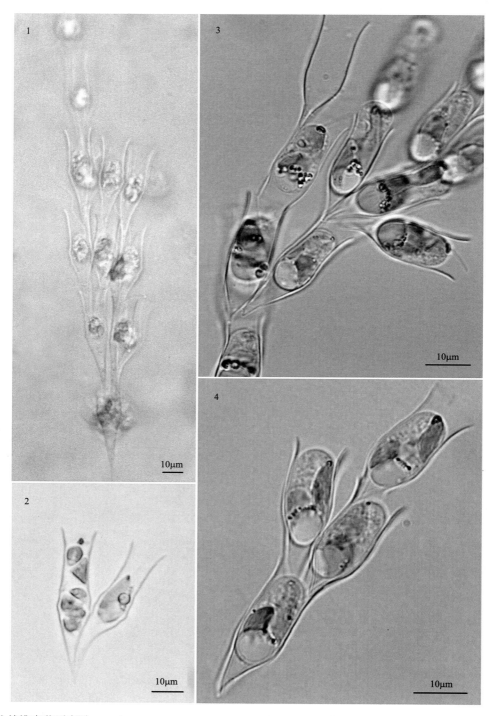

1. 分歧锥囊藻原变种 *Dinobryon divergens* Imhof var. *divergens*；2. 分歧锥囊藻肖斯莱狄变种 *Dinobryon divergens* var. *schauinslandii* (Lemmermann) Brunnthaler；3-4. 宁武锥囊藻 *Dinobryon ningwuensis* Jiang, Feng et Xie